全国高等职业教育应用型人才培养规划教材

变频器应用与实训
教、学、做一体化教程

李冬冬　许连阁　马宏骞　主　编
关长伟　谢海洋　副主编

电子工业出版社
Publishing House of Electronics Industry
北京·BEIJING

内 容 简 介

本书以变频器应用为主线，采用任务教学法形式编写。全书以三菱 FR–A700 系列变频器为目标机型，介绍了变频器的结构、原理和应用操作。在开关量控制中，重点介绍以 PU 和端子为主要操作形式的控制方法。在模拟量控制中，重点介绍三菱 FX 系列 PLC 模拟量模块的应用、读取指令以及模拟量控制程序的编制。在 485 通信控制中，重点介绍三菱 FX485 通信板的使用、变频器通信专用指令以及通信控制程序的编制。

本书主要内容包括：变频器认识训练、变频器拆装操作训练、变频器基础操作训练、变频器的测量操作训练、功能参数预置操作训练、外部端子控制变频器运行操作训练、PLC 模拟量控制变频器运行操作训练、PLC RS–485 通信控制变频器运行操作训练和 PLC 网络控制变频器运行操作训练。

本书突出了工程实用性，力求降低教材内容的难度，做到通俗易懂、图文并茂、内容翔实，使教材既可作为高职院校自动化类专业的教学用书，也可供相关专业工程技术人员参考使用。

未经许可，不得以任何方式复制或抄袭本书之部分或全部内容。
版权所有，侵权必究。

图书在版编目（CIP）数据

变频器应用与实训教、学、做一体化教程/李冬冬，许连阁，马宏骞主编 . —北京：电子工业出版社，2016.1
全国高等职业教育应用型人才培养规划教材
ISBN 978-7-121-27443-5

Ⅰ．①变… Ⅱ．①李… ②许… ③马… Ⅲ．①变频器 – 高等职业教育 – 教材 Ⅳ．①TN773

中国版本图书馆 CIP 数据核字（2015）第 250372 号

策划编辑：王昭松（wangzs@phei.com.cn）
责任编辑：王昭松
印　　刷：北京七彩京通数码快印有限公司
装　　订：北京七彩京通数码快印有限公司
出版发行：电子工业出版社
　　　　　北京市海淀区万寿路 173 信箱　邮编 100036
开　　本：787×1 092　1/16　印张：14　字数：358.4 千字
版　　次：2016 年 1 月第 1 版
印　　次：2020 年 1 月第 6 次印刷
定　　价：34.00 元

凡所购买电子工业出版社图书有缺损问题，请向购买书店调换。若书店售缺，请与本社发行部联系，联系及邮购电话：(010) 88254888。
质量投诉请发邮件至 zlts@phei.com.cn，盗版侵权举报请发邮件至 dbqq@phei.com.cn。
服务热线：(010) 88258888。

前　言

　　电气传动控制技术是以生产机械的驱动装置——电动机为控制对象，以微电子装置为核心、以电力电子装置为执行机构，在自动控制理论、信息传输理论指导下组成电气传动控制系统，控制电动机的转速按给定的规律进行自动调节，使之既满足生产工艺的最佳要求，又具有提高效率、减少能耗、提高产品质量、降低劳动强度的最佳效果。电气传动控制技术广泛应用于国防、能源、交通、冶金、煤炭、化工、港口等领域。纵观各国近代工业发展史，放眼现代工业发展的新潮流，人们越来越认识到电气传动控制技术是现代化国家的一个重要技术基础。可以认为：大到一个国家，小到一个工厂，电气传动控制技术水平可以反映出其现代化水平。从20世纪80年代末开始，电气传动控制领域进行了一场重要的技术变革——将原来只用于恒速传动的交流电动机实现速度控制，而引发这一变革的导火索就是变频器。因而，学习、掌握和应用变频器及其控制技术成为高职院校机电类专业学生和负责生产现场维护的电气人员必须要掌握的知识和技术要求。

　　目前，高职层次学生学习使用的变频器教材虽然很多，但大多是针对变频器工作原理介绍和开关量控制而编写的，在内容上很少涉及模拟量控制和网络通信控制方面知识，没有使学生了解主流传动控制技术和控制方法；在形式上没有体现"教、学、做"一体化教学理念，不能切实提高学生的实践能力。本书以变频器应用为切入点，专门对三菱FR-A700机型做全面解读，不仅让学生学习一些基础的理论知识和一些基本操作，还要使学生熟悉和掌握变频器的"精细化、数字化、网络化"控制方法。

　　本书遵照高职人才培养要求，注重理论联系实际，内容由浅入深，循序渐进，通俗易懂，有助于学生在较短的时间内掌握变频器的基本理论，具备一定的动手实践能力。全书共包括9个任务，分别为任务1 变频器认识训练、任务2 变频器拆装操作训练、任务3 变频器基础操作训练、任务4 变频器的测量操作训练、任务5 功能参数预置操作训练、任务6 外部端子控制变频器运行操作训练、任务7 PLC模拟量控制变频器运行操作训练、任务8 PLC RS-485通信控制变频器运行操作训练、任务9 PLC网络控制变频器运行操作训练。这9个学习任务的教学内容是相互独立的，各高职院校也可以根据自己的实训条件和学情选取其中某些任务来组织教学。

　　本书在内容取材及安排上具有以下特点：

　　(1) 以变频器的基本结构、外部接口、控制方法及实际应用等作为任务教学的主体，注重每个任务的分析与应用，强化学生的工程意识，既能让学生懂得变频器的工作原理，又能培养学生解决实际问题的能力。

　　(2) 每个任务的开篇均提出了知识目标与技能目标；正文中的【课堂讨论】、【工程经验】、【小知识】及【注意】等大多针对工程中实际遇到的问题，具有很高的工程实用性。

(3) 每个实训任务都以"实际、实用、实践"为原则，从职业素质、专业素质以及解答工程实际问题三个方面培养学生的工程素质。

(4) 文字表述简洁，附有大量图片，便于加强学生对变频器的直观认识和变频控制的深入了解。

通过本课程的学习，将使学生掌握变频控制技术方面的必备知识，具备从事变频器安装、维修、维护等岗位的基本技能。

本书由辽宁机电职业技术学院李冬冬、许连阁、马宏骞任主编，关长伟、谢海洋任副主编，其中，李冬冬编写了任务1和任务2；谢海洋编写了任务3和任务4；迟颖编写了任务5；丁紫佩编写了任务6；关长伟编写了任务7；许连阁编写了任务8；马宏骞编写了任务9和附录部分。

由于编者水平所限，书中不妥之处在所难免，敬请兄弟院校的师生及其他读者给予批评和指正。请您把对本书的建议和意见告诉我们，以便修订时改进。所有意见和建议请寄往：E-mail：zkx2533420@163.com。

编 者

2015年8月

目 录

任务1　变频器认识训练 ··· 1
【任务要求】 ··· 1
【知识储备】 ··· 1
　　1. 变频器的结构 ··· 2
　　2. 变频器的操作单元 ··· 3
　　3. 变频器的铭牌 ··· 4
　　4. 产品型号及规格 ··· 5
　　5. 变频器的额定值和频率指标 ··· 7
　　6. 变频器的频率指标 ··· 8
　　7. 变频器产品简介 ··· 9
【任务实施】 ··· 10
【工程素质培养】 ··· 10

任务2　变频器拆装操作训练 ··· 13
【任务要求】 ··· 13
【知识储备】 ··· 13
　　1. 主电路端子 ··· 13
　　2. 控制电路端子 ··· 15
　　3. 通信接口 ··· 16
【任务实施】 ··· 16
【工程素质培养】 ··· 21

任务3　变频器基础操作训练 ··· 23
【任务要求】 ··· 23
【知识储备】 ··· 23
　　1. 变频器的工作原理 ··· 23
　　2. 变频器的运行模式 ··· 25
　　3. 变频器的监视模式 ··· 27
　　4. PU控制变频器启/停操作 ··· 28
【任务实施】 ··· 31
【工程素质培养】 ··· 36

任务4　变频器的测量操作训练 ··· 38
【任务要求】 ··· 38
【知识储备】 ··· 38
　　1. 变频与变压 ··· 38

2. 恒压频比的实现 ………………………………………………………… 39
　　　3. SPWM 控制方式 ………………………………………………………… 40
　　　4. 测量仪表的选用 ………………………………………………………… 41
　【任务实施】……………………………………………………………………… 42
　【工程素质培养】………………………………………………………………… 45

任务 5　功能参数预置操作训练 …………………………………………… 47
　【任务要求】……………………………………………………………………… 47
　【知识储备】……………………………………………………………………… 47
　　　1. 变频器的功能参数 ……………………………………………………… 47
　　　2. 变频器的功能预置 ……………………………………………………… 53
　　　3. 常见错误及处理 ………………………………………………………… 53
　【任务实施】……………………………………………………………………… 54
　【工程素质培养】………………………………………………………………… 65

任务 6　外部端子控制变频器运行操作训练 ……………………………… 67
　【任务要求】……………………………………………………………………… 67
　【知识储备】……………………………………………………………………… 67
　　　1. 变频器的主要外部端子 ………………………………………………… 67
　　　2. DI/DO 功能定义 ………………………………………………………… 68
　　　3. 部分功能参数介绍 ……………………………………………………… 73
　　　4. PLC 开关量控制变频器运行 …………………………………………… 78
　【任务实施】……………………………………………………………………… 78
　【工程素质培养】………………………………………………………………… 91

任务 7　PLC 模拟量控制变频器运行操作训练 …………………………… 93
　【任务要求】……………………………………………………………………… 93
　【知识储备】……………………………………………………………………… 93
　　　1. 模拟量控制基础知识 …………………………………………………… 93
　　　2. 三菱模拟量模块的简介 ………………………………………………… 96
　　　3. $FX_{2N}-5A$ 模块的应用 ……………………………………………… 99
　　　4. 特殊模块读写指令介绍 ………………………………………………… 105
　【任务实施】……………………………………………………………………… 107
　【工程素质培养】………………………………………………………………… 115

任务 8　PLC RS-485 通信控制变频器运行操作训练 …………………… 117
　【任务要求】……………………………………………………………………… 117
　【知识储备】……………………………………………………………………… 117
　　　1. 三菱变频器通信控制硬件接口 ………………………………………… 118
　　　2. 三菱 FX_{3G} 系列 PLC 的变频器通信专用指令介绍 ………………… 122
　　　3. 三菱 FX_{3U} 系列 PLC 的变频器通信专用指令介绍 ………………… 128

  4. 三菱 FX_{2N} 系列 PLC 的变频器通信专用指令介绍 ………………………………… 129

  5. 通信指令的应用问题 …………………………………………………………… 133

  6. 通信设置 ………………………………………………………………………… 133

 【任务实施】 …………………………………………………………………………… 135

 【工程素质培养】 ……………………………………………………………………… 154

任务 9　PLC 网络控制变频器运行操作训练 …………………………………………… 156

 【任务要求】 …………………………………………………………………………… 156

 【知识储备】 …………………………………………………………………………… 156

  1. CC – Link 总线技术基础知识 ………………………………………………… 156

  2. CC – Link 模块的简介 ………………………………………………………… 168

 【任务实施】 …………………………………………………………………………… 189

 【工程素质培养】 ……………………………………………………………………… 200

附录 A　三菱 FR – A740 系列通用变频器的功能参数 ………………………………… 202

参考文献 …………………………………………………………………………………… 215

任务 1 变频器认识训练

📋 【任务要求】

以认识变频器为训练任务，通过对变频器外部结构和铭牌的学习，使学生熟悉变频器，掌握其铭牌信息及主要参数。

1. 知识目标

（1）熟悉变频器的外部结构、防护形式及散热方式。
（2）熟悉变频器的操作单元、显示内容及键盘设置。
（3）掌握变频器的铭牌信息、型号标识及主要参数。

2. 技能目标

（1）能准确识别变频器的铭牌及型号。
（2）能正确读取变频器的主要参数。

📋 【知识储备】

电力拖动诞生于 19 世纪，距今已有 100 多年的历史，现已成为动力机械拖动的主要方式。一直以来，在不变速拖动系统或调速性能要求不高的场合采用的都是交流电动机，而在调速性能要求较高的系统中则主要采用直流电动机。从 20 世纪 80 年代末开始，随着电力电子器件及信息控制技术的发展，电气传动控制领域进行了一场重要的技术变革，而引发这一变革的导火锁就是变频器。

变频器又称变频调速器，它是一种电能控制装置。变频器利用功率型半导体器件的通断作用，将固定频率的交流电转换为可变频率的交流电。在电气传动控制领域，变频器的作用非常重要，应用也十分广泛，目前从一般要求的小范围调速传动到高精度、快响应、大范围的调速传动，从单机传动到多机协调运转，几乎都可以采用变频技术。变频器可以调整电动机的功率，实现电动机的变速运行，以达到节电的目的；变频器可以在零频率、零电压时逐步启动，减少对电网的冲击，不会产生峰谷差值过大的问题；变频器可以按照用户的需要进行平滑加速；变频器可以控制电气设备的启停，使整个控制操作更加方便可靠，寿命也会相应增加；变频器可以优化生产工艺过程，并能根据工艺过程迅速改变，通过 PLC 或其他控制器来实现远程速度控制。

【学习经验】

> 对于一个初学者来讲，如何学好变频器是一个头疼的问题。在学习中除了要掌握一定的基础知识，还要有理论学习后的实践操作。在理论方面，要多看变频器方面的书籍，了解变频器的工作原理、参数含义及控制方式，要知道《使用手册》的大概内容是什么。在实践方面，要多了解与变频器相关的资讯，多参与变频器项目的实践，结合实践的一些特殊要求多动手操作，并注重现场经验的积累。有条件的话，可以去参加一些变频器、PLC 培训机构组织的学习，通过有针对性的培训，使自己的综合实践能力在短期内得到快速提升。另外，上网浏览或直接参与工控方面的论坛也是快速成手的一个好途径。

变频器的内部结构相当复杂,除了由整流、滤波、逆变组成的主电路外,还有以微处理器为核心的运算、检测、保护、隔离等控制电路。但对大多数用户来说,只是把变频器作为一种电气设备的整体来使用,因此,可以不必探究其内部电路的深奥原理,但对变频器有个基本了解还是必要的。

本书以三菱 FR - A740 - 0.75 K - CHT 变频器为例,详细介绍三菱 FR - A740 系列变频器的使用及相关操作,并结合电气传动控制技术的发展,重点学习 PLC 模拟量控制、485 通信控制和 CCLK 总线控制等主流控制方法。

图 1.1　三菱 FR - A700 系列变频器的结构

1. 变频器的结构

三菱 FR - A700 系列变频器的结构基本相同,整体外形为半封闭式,从外观上看,它主要由操作单元、护盖、器身和底座组成,如图 1.1 所示,其拆分结构如图 1.2 所示。

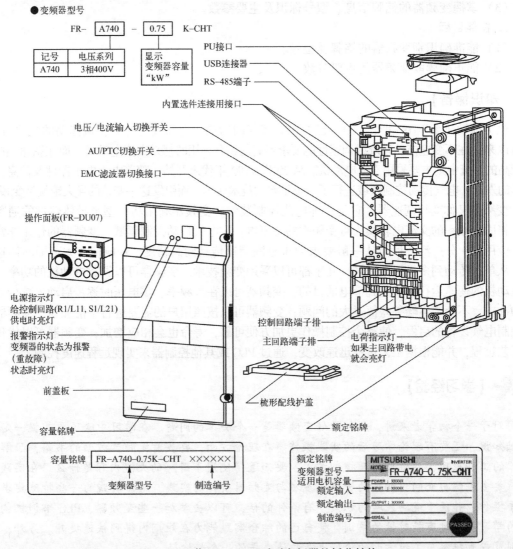

图 1.2　三菱 FR - A740 系列变频器的拆分结构

在变频器的底座上开有 4 个定位安装孔，用 4 个螺钉就可以将变频器固定在控制箱上，如图 1.3 所示。

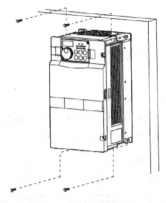

图 1.3　变频器的安装

2. 变频器的操作单元

变频器的操作单元因品牌不同而千差万别，但它们的基本功能却是相同的。三菱 FR – A740 系列变频器的操作单元（简称 PU）如图 1.4 所示，它分为数据显示、状态指示和操作按键三个区域，各部分的功能如图 1.5 所示。

（a）正面　　　　　　　　　　　（b）反面

图 1.4　三菱 FR – A740 系列变频器的操作单元

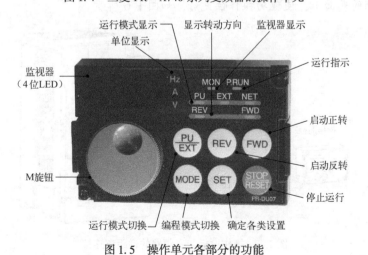

图 1.5　操作单元各部分的功能

（1）数据显示区

FR – A740 系列变频器操作单元有一个由 4 只 8 段数码管构成的显示器，它可以显示功能参数（如参数编号、设定值）、工作状态数据（如频率、电压、电流）、DI/DO 信号状态（如 UP、DOWN）、报警（如参数写入错误、输入缺相、通信异常）等内容。显示器旁边的 Hz、A、V 指示灯用于显示当前值的单位。

（2）状态指示区

FR－A740 系列变频器操作单元的状态指示区有 7 个状态指示灯，用于变频器工作状态指示，指示灯的作用如下。

MON：状态监控，如果该指示灯亮，表示变频器选择了状态监控操作。

RUN：运行指示，如果该指示灯亮，表示变频器正在运行中。

PU：操作单元操作（PU 模式）指示，如果该指示灯亮，则表示 PU 操作有效。

EXT：外部操作（EXT 模式）指示，如果该指示灯亮，则表示 EXT 操作有效。

NET：网络操作（NET 模式）指示，如果该指示灯亮，则表示 NET 操作有效。

FWD：正转指示，如果该指示灯亮，则表示变频器正转输出。

REV：反转指示，如果该指示灯亮，则表示变频器反转输出。

（3）操作按键区

FR－A740 系列变频器操作单元布置 6 个按键和 1 个手轮式旋钮（又称 M 旋钮），M 旋钮用于数据增减操作，其他操作键的含义如下。

【PU/EXT】：操作转换键，该键用于切换变频器的 PU/EXT 工作模式。

【FWD】、【REV】：方向键，在 PU 操作时，该键用于改变变频器的输出方向。

【MODE】：编程模式键，该键用于切换操作单元的参数显示/编程模式。

【SET】：设置键，用于查看和设定变频器参数值。

【STOP/RESET】：停止/复位键，用于停止变频器运行或复位变频器。

【小知识】

三菱 FR－A700 系列变频器的操作面板是可拆卸的，使用电缆将其与变频器相连后，可以安装在电气柜的表面上，使现场操作性更好，如图 1.6 所示。

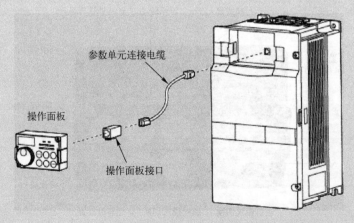

图 1.6　操作面板与变频器的远距离连接

3. 变频器的铭牌

铭牌是选择和使用变频器的重要依据和参考，其内容一般包括厂商的产品系列、序号或标识码、基本参数、电压级别和标准可适配电动机容量等。FR-A740系列变频器铭牌的位置和相关内容如图1.7所示。

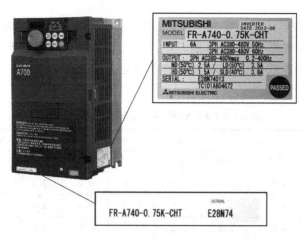

图1.7　FR-A740-0.75K-CHT变频器的铭牌

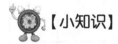【小知识】

三菱FR-A740系列变频器铭牌的设计非常独特，也非常人性化。为方便用户识别变频器，在变频器的机身上贴有大小两个铭牌，大铭牌是额定铭牌，主要用于标识变频器的机型、额定参数和频率指标；小铭牌是容量铭牌，主要用于标识变频器的机型和容量。

4. 产品型号及规格

产品型号一般都标注在铭牌的醒目位置上，它是辨识变频器身份的主要依据。下面以FR-A740-0.75K-CHT机型为例，介绍三菱FR-A740系列变频器型号的具体含义，其型号标识如图1.8所示。

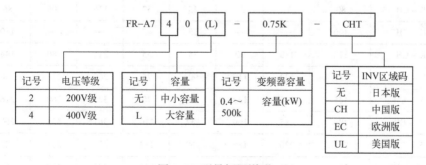

图1.8　型号标识说明

【工程经验】

变频器的寿命长短由其自身品牌品质、技术含量、使用条件和维修保养等因素综合决定。变频器虽为静止装置，但也有像滤波电容器、冷却风扇那样的消耗器件，如果能对它们进行定期维护，使用寿命可达10年以上。具体还要看变频器的品牌，比如三菱变频器在正常使用的情况下其使用寿命可达20年。同时还要看使用者的爱护程度、工作周围的环境、温升以及变频器的生产商等。

　　FR-A740系列变频器的产品规格如表1.1所示。表中的SLD为110%过载不大于60s的轻微过载；LD为120%过载不大于60s的轻载；ND为150%过载不大于60s正常负载；HD为200%过载不大于60s的重载；AC400V输入的电压允许范围为AC325～528V；输入容量为参考数据。

表1.1　FR-A740系列变频器的产品规格

变频器型号	输入容量/kVA	适用电机功率/kW				额定输出电流/A			
		SLD	LD	ND	HD	SLD	LD	ND	HD
A740-0.4K-CH	1.5	0.75	0.75	0.4	0.2	2.3	2.1	1.5	0.8
A740-0.75K-CH	2.5	1.5	1.5	0.75	0.4	3.8	3.5	2.5	1.5
A740-1.5K-CH	4.5	2.2	2.2	1.5	0.75	5.2	4.8	4	2.5
A740-2.2K-CH	5.5	3.7	3.7	2.2	1.5	8.3	7.6	6	4
A740-3.7K-CH	9	5.5	5.5	3.7	2.2	12.6	11.5	9	6
A740-5.5K-CH	12	7.5	7.5	5.5	3.7	17	16	12	9
A740-7.5K-CH	17	11	11	7.5	5.5	25	23	17	12
A740-11K-CH	20	15	15	11	7.5	31	29	23	17
A740-15K-CH	28	18.5	18.5	15	11	38	35	31	23
A740-18.5K-CH	34	22	22	18.5	15	47	43	38	31
A740-22K-CH	41	30	30	22	18.5	62	57	44	38
A740-30K-CH	52	37	37	30	22	77	70	57	44
A740-37K-CH	66	45	45	37	30	93	85	71	57
A740-45K-CH	80	55	55	45	37	116	106	86	71
A740-55K-CH	100	—	—	55	45	—	—	110	86
A740-75K-CH	110	110	90	75	55	216	180	144	110
A740-90K-CH	137	132	110	90	75	260	216	180	144
A740-110K-CH	165	160	132	110	90	325	260	216	180
A740-132K-CH	198	185	160	132	110	361	325	260	216
A740-160K-CH	248	220	185	160	132	432	361	325	260
A740-185K-CH	275	250	220	185	160	481	432	361	325
A740-220K-CH	329	250	250	220	185	547	481	432	361
A740-250K-CH	367	315	250	250	220	610	547	481	432
A740-280K-CH	417	355	315	250	250	683	610	547	481
A740-315K-CH	465	400	355	315	250	770	683	610	547
A740-355K-CH	521	450	400	355	315	866	770	683	610

续表

变频器型号	输入容量/kVA	适用电机功率/kW				额定输出电流/A			
		SLD	LD	ND	HD	SLD	LD	ND	HD
A740 - 400K - CH	587	500	450	400	355	962	866	770	683
A740 - 450K - CH	660	560	500	450	400	1094	962	866	770
A740 - 500K - CH	733	630	560	550	450	1212	1094	962	866

5. 变频器的额定值和频率指标

（1）输入侧的额定值

变频器输入侧的额定值主要是指输入侧交流电源的相数和电压参数。在我国中小容量变频器中，输入电压的额定值有以下几种（均为线电压）。

① 380V/(50～60Hz)，三相：主要用于绝大多数设备中。

② 230V/50Hz，两相：主要用于某些进口设备中。

③ 230V/50Hz，单相：主要用于民用小容量设备中。

此外，对变频器输入侧电源电压的频率也都做了规定，通常都是工频 50Hz 或 60Hz。

（2）输出侧的额定值

① 额定输出电压。由于变频器在变频的同时也要变压，所以输出电压的额定值是指变频器输出电压中的最大值。在大多数情况下，它就是输出频率等于电动机额定频率时的输出电压值。

② 额定输出电流。指变频器允许长时间输出的最大电流，它是用户在选择变频器时的主要依据。

③ 额定输出容量。指变频器在正常工况下的最大容量，一般用 kVA 表示。

④ 配用电动机容量。变频器规定的配用电动机容量适用于长期连续负载运行。

⑤ 过载能力。指变频器输出电流超过额定电流的允许范围和时间，大多数变频器都规定为 1.5 倍额定电流、60s 或 1.8 倍额定电流、0.5s。三菱 FR - A740 系列变频器的过载能力如表 1.2 所示。

表 1.2 三菱 FR - A740 - 0.75K - CHT 变频器的过载能力

类 型	环境温度	过载电流额定值
SLD	40℃	110% 60s，120% 3s
LD	50℃	120% 60s，150% 3s
ND	50℃	150% 60s，200% 3s
HD	50℃	200% 60s，250% 3s

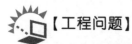

【工程问题】

变频器能用来驱动单相电机吗？基本上不能。对于调速器开关启动式的单相电机，在工作点以下的调速范围内将烧毁辅助绕组；对于电容启动或电容运转方式的单相电机，将诱发电容器爆炸。

6. 变频器的频率指标

（1）频率范围

频率范围指变频器输出的最高频率和最低频率。各种变频器规定的频率范围不尽一致，通常最低工作频率为 0.1～1Hz，最高工作频率为 200～500Hz。

【小知识】

三菱 FR-A740 系列变频器频率输出范围为 0.2～400Hz。当看到这样一个数据时，对于一个变频器的初学者来说，你可能会没什么感觉，如果把它拿到实际现场中去应用，你马上就会感到惊诧、惊奇、惊叹。假设用三菱变频器驱动一台四极三相异步电动机，那么当运行频率为 0.2Hz 时，电动机的同步转速只有 6r/min，显然这个转速比爬行还要慢很多；当运行频率为 400Hz 时，电动机的同步转速高达 12000r/min，这是普通电动机机械强度所无法承受的速度，并且在 6～12000r/min 这样一个宽广的速度调节范围内，变频器驱动电动机可在任意转速点上稳定工作。

【现场讨论】

变频器为什么不能在低频域内连续运转使用？

在变频器低频输出时，普通电动机靠装在轴上的外扇或转子端环上的叶片进行冷却，若速度降低则冷却效果下降，因而不能承受与高速运转相同的发热，必须降低负载转矩，或采用专用的变频器电机。

（2）频率精度

频率精度指变频器输出频率的准确度，由变频器实际输出频率与给定频率之间的最大误差与最高工作频率之比的百分数来表示。例如，三菱 FR-A740 系列变频器的频率精度为 ±0.01，这是指在 -10～15℃ 环境下通过参数设定所能达到的最高频率精度。

例如，用户给定的最高工作频率为 $f_{max}=120\text{Hz}$，频率精度为 0.01%，则最大误差为

$$\Delta f_{max} = 120 \times 0.01\% = 0.012 \text{ （Hz）}$$

通常，由数字量给定时的频率精度约比模拟量给定时的频率精度高一个数量级。

（3）频率分辨率

频率分辨率指变频器输出频率的最小改变量，即每相邻两挡频率之间的最小差值。

例如，当工作频率为 $f_x = 25\text{Hz}$ 时，如果变频器的频率分辨率为 0.01Hz，则上一挡的频率为

$$f_x = 25 + 0.01 = 25.01 \text{ （Hz）}$$

下一挡的频率为

$$f_x = 25 - 0.01 = 24.99 \text{ （Hz）}$$

【现场讨论】

变频器分辨率有什么意义？

对于数字控制的变频器，即使频率指令为模拟信号，输出频率也是有级给定。这个级差的最小单位就称为频率分辨率。变频器的分辨率越小越好，通常取值为 0.01～0.5Hz。例如，分辨率为 0.5Hz，那么 23Hz 的上一挡频率应为 23.5Hz，因此电机的动作也是有级的跟随。在某些场合，级差的大小对被控对象影响较大，例如造纸厂的纸张连续卷取控制，如果分辨率为 0.5Hz，4 极电机 1 个级差对应电动机的转速差就高达 15rpm，结果使纸张卷取时张力不匀，容易造成纸张卷取"断头"现象。如果分辨率为 0.01Hz，4 极电机 1 个级差对应电动机的转速差仅为 0.3rpm，显然这样极小的转速差不会影响卷取工艺要求。

7. 变频器产品简介

（1）通用变频器简介

变频器的生产厂家很多，究竟选用什么品牌的变频器应根据用户的具体要求、性能价格、售后服务等因素决定。目前国内市场上流行的变频器品牌多达上百种，主要品牌按地区分类如下。

① 我国变频器产品。我国变频器品牌有德力西、康沃、佳灵、惠丰、森兰等。尽管目前我国变频器市场中国产品牌占有率仅为 25%，在技术方面国产变频器还跟不上欧美等部分发达国家水平，但是随着科技的发展，国产变频器的技术日益提高，越来越向发达国家水平靠近。

另外，我国台湾地区变频器起步于 20 世纪 90 年代，多数变频器带有日本产品的痕迹。现在较著名的有台达、普传、台安、利佳等生产企业。

② 日本变频器产品。日本变频器产业从 20 世纪 80 年代以来一直维持增长的趋势。东芝、三菱、富士、欧姆龙、安川等几家大公司都是世界上重要的变频器生产厂家。日本变频器在我国占有较大的市场份额。

③ 欧美变频器产品。截至目前，ABB、西门子、施耐德、AB、罗宾康、GE、丹佛斯、欧姆龙、艾默生等欧美公司生产的变频器产品均已进入我国市场。欧美变频器产品在中国市场占有重要份额。

【小知识】

欧美国家的产品以性能优良、环境适应能力强而著称；日本的产品以外形小巧、功能多而闻名；我国港澳地区的产品因符合国情、功能简单实用而流行，而我国内地地区的产品则凭借大众化、功能简单专用、价格低的优势而得到广泛应用。在选购变频器的时候，支持国产品牌在某种程度上也等于支持国家科技发展，同时在售后方面也为购买者提供了更加方便的售后服务渠道。

（2）三菱系列变频器简介

三菱公司是日本研发、生产变频器最早的企业，三菱系列变频器是进入中国市场最早的变频器产品之一，其产品规格齐全，使用简单，调试容易，可靠性高。三菱变频器中使用最广泛的是 FR-500 和 FR-700 两大系列，FR-500 系列是 20 世纪末期推出的产品，有较大的市场占有率；FR-700 系列是用于替代 FR-500 系列的新产品，两者在功能、参数、连接、调试等方面极其类似。

FR-700 系列与 FR-500 系列相比，扩大了调速范围，提高了普通型和节能型变频器的最大输出频率和过载能力，加快了动态响应速度，缩小了变频器体积，增强了网络功能等，在采用闭环矢量控制、配套专用电机后，FR-740 的整体性能已经接近于交流伺服驱动。

【任务实施】

1. 实训器材

① 变频器，型号为三菱 FR-A740-0.75K-CHT，每组 1 台。

② 对称三相交流电源，线电压为 380V，每组 1 个。

③ 电工常用工具，每组 1 套。

2. 实训步骤

（1）识别变频器铭牌

操作步骤：目视变频器铭牌。

操作要求：FR-A740 系列变频器额定铭牌如图 1.9 所示。观察铭牌，记录信息，包括品牌型号、出厂编号、容量、基频、输入电压的变化范围、输入电源相数、输出电流、频率调节范围等，填写表 1.3。

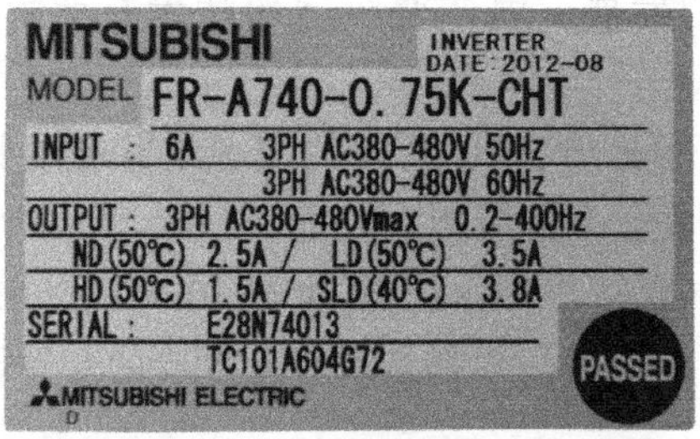

图 1.9 FR-A740 变频器额定铭牌

表 1.3 变频器铭牌记录表

品牌及系列号	型　　号	出厂编号	容　　量	输入电压
频率调节范围	出厂日期	输入电源相数	基　　频	输入电流

（2）识别变频器操作单元

操作步骤：目视变频器操作单元。

相关要求：观察变频器的操作单元，画出外形结构图，并对重点部位用文字进行标注。

【工程素质培养】

1. 职业素质培养要求

在放置变频器时，一定要轻拿轻放，不要使变频器跌落或受到强烈冲击，以防塑料面板碎裂。在搬运变频器时，不要握住前盖板或设定用的旋钮，这样会造成变频器掉落或故障。

2. 专业素质培养问题

问题1：在三菱 FR - A700 系列变频器的面板上，有一个外形硕大、转动灵活的旋钮，而在其他品牌变频器上却很少见到，这是为什么呢？

解答：这个旋钮的设计和使用为三菱变频器所独有，它具有操作简单、方便顺手、功能性强等特点，深受用户好评。如果旋转此旋钮，可以方便地改变频率和设定参数；如果按压此旋钮，可以显示监控模式下的设定频率等。

问题2：三菱 FR - A740 系列变频器没有采用全封闭式防护结构，这是为什么呢？针对这种结构，在设置变频器使用场所时应注意什么问题？

解答：三菱 FR - A740 系列变频器采用的是半开启式防护结构，这种结构的好处是有利于变频器的散热，方便接线操作和观察变频器的内部情况，特别是观察电荷指示灯。但这种结构也存在一些问题，例如，在环境温度变化较大时，变频器内部易出现结露现象，使其绝缘性能降低，甚至可能引发短路事故。在有腐蚀性气体场合时，如果腐蚀性气体浓度大，不仅会腐蚀元器件的引线、印制电路板等，而且还会加速塑料器件的老化，降低绝缘性能。所以三菱 FR - A740 系列变频器应该安装在干燥、温差变化小、无腐蚀性、无可燃性、无强磁干扰的场所。

问题3：如图 1.7 所示，三菱 FR - A740 变频器机身上有大小两个铭牌，这是为什么呢？

解答：两个铭牌的设置体现了三菱产品人性化设计的先进理念。因为变频器在维修或更换时，技术人员必须要查看铭牌，而变频器通常安装在电气控制箱内，如果变频器的安装位置如图 1.10 所示，那么查看铭牌将是一件非常困难的事情。因此，三菱 FR - A740 变频器不仅在机身的侧面设置了一个大铭牌（额定铭牌），还在机身的正面设置了一个小铭牌（容量铭牌），使用户查看铭牌变得十分方便。

问题4：如图 1.7 所示，在三菱 FR - A740 - 0.75K - CHT 变频器壳体正面有一个醒目的"A700"标识，而在该变频器的铭牌上标注的却是"A740"，这是为什么呢？

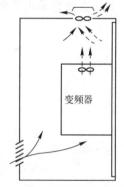

图 1.10　变频器安装位置图

解答：FR - A700 系列变频器作为三菱公司最新推向市场的高性能产品，汇集了以往三菱变频器中代表性产品的特点，具有过载能力强、控制功能多、通信功能强等特点。根据额定输入电压等级的不同，FR - A700 系列变频器又分为 FR - A720 和 FR - A740 两个子系列，其中，FR - A720 系列变频器的额定输入电压为 200V，而 FR - A740 系列变频器的额定输入电压为 400V。以 FR - A740 - 0.75K - CHT 机型为例，它只是 FR - A740 子系列中容量为 0.75kVA 的一款产品，所以在变频器的正面壳体上出现了"A700"字样，而在铭牌上出现了"A740"字样。

3. 解答工程实际问题

问题情境：变频器不仅在其外壳的顶端开有一个通风口，而且在其金属底座上还带有片状的散热片，如图 1.11 所示。

趣味问题：与一般电器相比，变频器为什么需要加强散热呢？

(a) 机顶　　　　　　　(b) 底壳

图 1.11　变频器壳体

现场演示：由指导教师执行操作，先将变频器的输出频率调整到 50Hz，然后启动变频器运行，要求学生侦听变频器的运行风燥。

讨论结果：变频器作为一种电能控制装置，其内部有多种功率型的电力电子器件。在变频器上电使用时，变频器的运行极易受到工作温度的影响。通常变频器的工作温度一般要求在 0～55℃，最好控制在 40℃ 以下。实践证明，温升每升高 10℃，变频器的使用寿命将折损一半，而且故障率也会明显上升。因此，提供一个良好的散热条件是变频器能够持续稳定工作的重要保证。三菱 FR-A700 系列变频器散热问题是这样解决的，一方面它采取了强迫风冷措施，另一方面它采用了金属底座，以此来加强变频器的散热能力。

任务 2　变频器拆装操作训练

【任务要求】

以拆装变频器为训练内容，通过对变频器外部接口的学习，使学生认识变频器的接线端子，掌握变频器的拆装要求和拆装过程。

1. 知识目标

（1）了解变频器的内部结构，掌握变频器的拆装要求。

（2）了解变频器的外部接口，熟悉变频器的接线端子。

2. 技能目标

（1）能识别变频器接线端子。

（2）能对变频器进行拆装。

【知识储备】

三菱 FR – A740 系列变频器的外部接口如图 2.1 所示，它主要由主电路端子、控制电路端子和通信接口组成。

1. 主电路端子

如图 2.2（a）所示，变频器的输入端（R、S、T）接入频率固定的三相交流电，输出端（U、V、W）输出频率在一定范围内连续可调的三相交流电，接至电动机。变频器与电源、电动机的实际连接如图 2.2（b）所示。

对于不同容量、不同品牌的变频器，其主电路端子的排列顺序可能有所不同，但各端子的功能是不变的。三菱 FR – A740 系列变频器的主电路端子如图 2.3 所示。

【案例剖析】

案情：变频器因接线问题"炸机"。

问题描述：广东东莞某胶带厂用户反映使用一台 TD1000 – 4T0015G 变频器，在使用一段时间后，运行时突然"炸机"；协调深圳一代理商做联保处理，更换备机一台，在运行了 10 小时后变频器又"炸机"。

问题处理：现场检查发现变频器的电源输入侧交流接触器有一相螺钉松动，拆下后发现螺钉都已受热变色，与之连接的变频器输入电源线接头烧断，且所有电源线无接线"鼻子"（压接端子）；测量发现变频器内部模块整流桥部分参与工作的两相二极管上下桥臂均开路。更换变频器外部输入电源线及接触器螺钉，重新紧固输入进线端的所有接点，再次更换变频器备机一台后恢复正常。

案例分析：由于接触器螺钉松动导致变频器只有两相输入，即变频器的三相整流桥仅两相工作，在正常负载情况下，参与工作的四个整流二极管上的电流比正常时的大 70% 多，整流

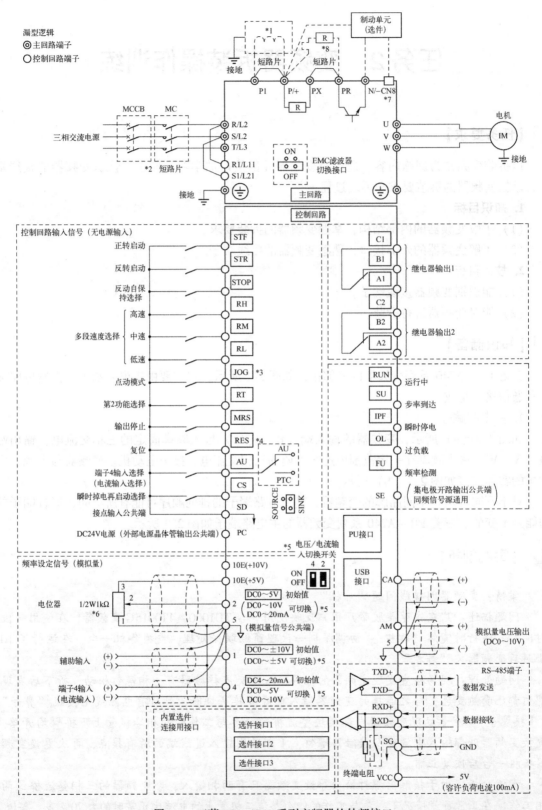

图2.1 三菱 FR-A740 系列变频器的外部接口

桥因过电流导致几小时后 PN 结温度过高而损坏。建议用户使用变频器时一定要注意接线规范并定期维护，代理商去现场处理问题时也应仔细检查相关电路、找出故障原因，不要只管换变频器完事。

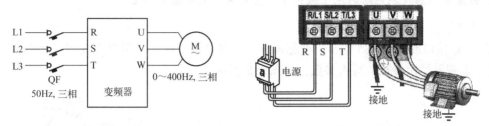

（a）变频器连接示意图　　　　　　　　（b）变频器连接实物图

图 2.2　变频器的连接

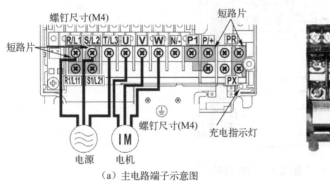

（a）主电路端子示意图　　　　　　　　（b）主电路端子实物图

图 2.3　三菱 FR-A740 系列变频器的主电路端子

【工程经验】

变频器是生产线中最容易损坏的部件之一，电气人员除了做好日常保养外，还要弄清楚是否有变频器的代理商、维修商，改用其他变频器是否方便，如何接线及调整参数。

2. 控制电路端子

三菱 FR-A740 系列变频器的控制电路端子如图 2.4 所示，变频器的控制端子分为 3 部分，分别是输入信号端子、输出信号端子和 RS-485 通信端子。关于 RS-485 通信端子将在本书任务 8 中再做详细介绍。

（a）控制端子示意图　　　　　　　　（b）控制端子实物图

图 2.4　三菱 FR-A740 系列变频器的控制电路端子

【工程经验】

在维修更换变频器时,为了提高工作效率、减少人为停机时间,可以保持控制电路连线不动,将原变频器控制电路的端子板拆下,直接替换到新变频器上。

3. 通信接口

使用 PU 接口或 RS-485 端子,变频器能与计算机进行通信。用户可以用程序对变频器进行操作,监视及读出参数、写入参数,如图 2.5 所示。

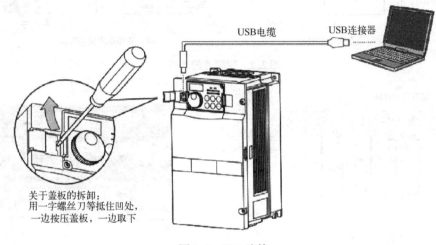

图 2.5　USB 连接

【任务实施】

1. 实训器材

① 变频器,型号为三菱 FR-A740-0.75K-CHT,每组 1 台。

② 维修电工常用工具,每组 1 套。

③ 对称三相交流电源,线电压为 380V,每组 1 个。

2. 实训步骤

(1) 操作单元的拆卸与安装

操作步骤 1:拆卸操作单元。

操作要求:松开操作单元上的两处固定螺钉(螺钉不能拆下),如图 2.6 所示;按住操作单元两侧的插销,把操作单元往前拉出后卸下,如图 2.7 所示。

操作步骤 2:安装操作单元。

操作要求:将操作单元笔直地插入并安装牢靠,旋紧螺钉即可。

(2) 前盖板的拆卸与安装

操作步骤 1:拆卸前盖板。

操作要求:旋松安装前盖板用的螺钉,如图 2.8 所示;一边按住前盖板上的安装卡爪,一边以左边的固定卡爪为支点向前拉取下前盖板,如图 2.9 所示。

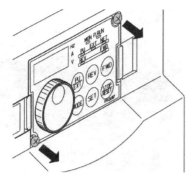 

（a）松脱螺钉示意图　　　　　　　　（b）松脱螺钉现场图

图 2.6　松脱操作单元螺钉

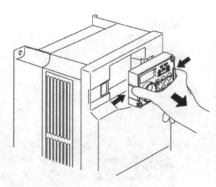 

（a）拉出操作单元示意图　　　　　　（b）拉出操作单元现场图

图 2.7　拉出操作单元

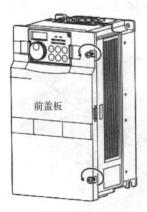 

（a）松脱螺钉示意图　　　　　　　　（b）松脱螺钉现场图

图 2.8　松脱前盖板紧固螺钉

操作步骤 2：安装前盖板。

操作要求：将前盖板左侧的两处固定卡爪插入机体的接口，如图 2.10 所示；以固定卡爪部分为支点将前盖板压进机体，如图 2.11 所示；拧紧安装螺钉，如图 2.12 所示。

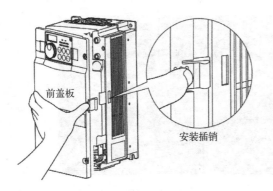 

（a）拉取下前盖板示意图　　　　　　　　（b）拉取下前盖板现场图

图 2.9　拉取下前盖板

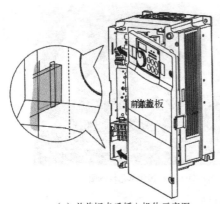 

（a）前盖板卡爪插入机体示意图　　　　　（b）前盖板卡爪插入机体现场图

图 2.10　前盖板卡爪插入机体

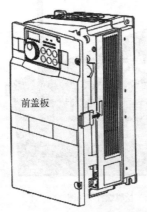 

（a）前盖板压进机体示意图　　　　　　　（b）前盖板压进机体现场图

图 2.11　前盖板压进机体

（3）变频器外部端子的识别

操作步骤：掀开配线盖板。

任务 2　变频器拆装操作训练

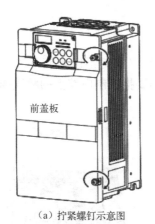
（a）拧紧螺钉示意图

（b）拧紧螺钉现场图

图 2.12　拧紧前盖板安装螺钉

操作要求：配线盖板如图 2.13 所示，对照《FR-A740 使用手册》和配线盖板，识别每个端子的符号标记；分别画出主、控端子排列图。

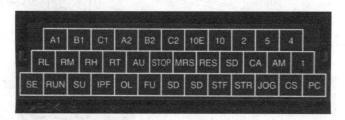

图 2.13　配线盖板

【小知识】

配线盖板设置在控制电路端子排的上方，如图 2.14 所示。它有两个用途，当掀开盖板时，控制端子的排列图能够清晰可见，如图 2.13 所示，为接线和查线带来了方便；当合上盖板时，盖板紧密贴合在端子排上，又为端子防尘、防水提供了有效保护。

图 2.14　配线盖板与端子排照片

(4) 更换控制电路端子板

操作步骤1：拆卸控制电路端子板。

操作要求：松开控制电路端子板底部的两个安装螺钉（螺钉不能被卸下），如图2.15所示；用双手把端子板从控制电路端子板背面拉下，注意不要把控制电路上的跳线插针弄弯，如图2.16所示。

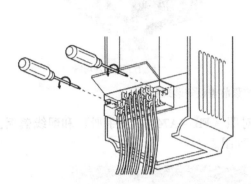 

（a）松开螺钉示意图　　　　　　　　（b）松开螺钉现场图

图2.15　松开端子板底部安装螺钉

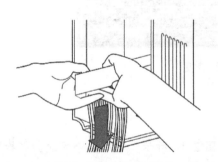 

（a）拉下端子板示意图　　　　　　　　（b）拉下端子板现场图

图2.16　拉下控制电路端子板

操作步骤2：安装控制电路端子板。

操作要求：将控制电路端子板重新安装上，如图2.17所示；拧紧端子板底部的两个安装螺钉，如图2.18所示。

（a）安装端子板示意图　　　　　　　　（b）安装端子板现场图

图2.17　重新安装端子板

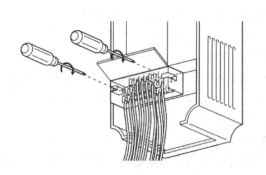 

(a) 拧紧螺钉示意图　　　　　　　(b) 拧紧螺钉现场图

图 2.18　拧紧端子板安装螺钉

【工程素质培养】

1. 职业素质培养要求

① 在松脱或上紧螺钉时，一定要沿着面板的对角线均匀用力，防止操作单元因受力不均而翘起；螺钉也不要拧得过紧，以防塑料面板碎裂。

② 不要在带电情况下进行变频器的拆装，不要使变频器跌落或受到强烈撞击。

③ 当安装操作单元时，操作单元要笔直地插入并安装牢固，旋紧螺钉。

④ 当安装前盖板时，可以带操作面板一起安装，但一定要把接口完全连接好。

⑤ 前盖板安装要牢固，务必拧紧表面护盖的安装螺钉。

⑥ 防止螺钉、电缆碎片或其他导电物体或油类等可燃性物体进入变频器。

⑦ 拆装要在操作台上进行，机身要平放，不能倒置或侧置，而且周围环境也要保持干净、干燥。

2. 专业素质培养问题

问题 1：在三菱 FR – A740 – 0.75K – CHT 变频器的端子板上，变频器主电路接线端子和控制电路接线端子在空间上是分开的，而且主端子的形态要比控制端子稍大，如图 2.19 所示，这是为什么呢？

图 2.19　变频器的端子板

答案：为了防止接线错误和信号间彼此干扰，三菱 A740 系列变频器主、控端子板常用分层布置，主电路接线端子板设置在下层，而控制电路接线端子板设置在上层。由于主电路流过的是大电流,所以端子形态相对比较大,端子螺钉尺寸为 M4,拧紧转矩为 1.5N·m,配用的导线线径为 0.75～2mm²。控制电路流过的是小电流,所以端子形态相对稍小,端子螺钉尺寸为 M3.5,拧紧转矩为 1.2N·m,配用的导线线径为 0.75～1mm²。

图 2.20 接地端子

问题 2:在三菱 FR – A740 – 0.75K – CHT 变频器的端子板上,有一个如图 2.20 所示的接地端子,这个接地端子该如何接地呢?

答案:为了防止触电和减少电磁噪声,在变频器主端子排上设有接地端子。接地端子必须单独可靠接地,接地电阻要小于 1Ω,而且接地线应尽量用粗线,接线应尽量短,接地点应尽量靠近变频器。当变频器和其他设备或有多台变频器一起接地时,每台设备都必须分别和地线相接,如图 2.21(a)和(b)所示,不允许将一台设备的接地端和另一台设备的接地端相接后再接地,如图 2.21(c)所示。

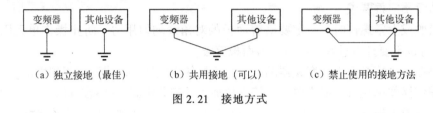

(a) 独立接地(最佳)　　(b) 共用接地(可以)　　(c) 禁止使用的接地方法

图 2.21 接地方式

【工程经验】

夏天有很多变频器被雷电光顾,损坏严重,大多主板也坏掉,会被雷光顾的变频器多数是没接地或接地不良。当你看到维修报价单时才知道地线的重要性!检查地线接地是否良好也很简单,用一个 100W/220V 的灯泡接到相线与地线上试一下,看其亮度就知道。

3. 解答工程实际问题

问题情境:在变频器铭牌上有这样一条文字信息,如图 2.22 所示。

OUTPUT: 3PH AC380-480Vmax　　0.2-400Hz

图 2.22 铭牌信息

趣味问题:由铭牌上的文字信息可知,变频器输出频率的调节范围是 0.2～400Hz,那么频率在 0.2Hz 以下变频器就没有频率和功率输出了吗?

现场演示:由指导教师执行操作,将变频器的输出频率慢慢调整到 0.15Hz,观察变频器的屏显数据及负载电机的运行状态。

讨论结果:现场演示证明,变频器输出频率在 0.2Hz 以下时仍然可输出功率。如果电机温升不高、启动转矩又较小,即使最低使用频率取 0.2Hz 左右,变频器也可输出额定转矩,电动机也不会出现严重发热问题。

任务3　变频器基础操作训练

【任务要求】

以变频器基础操作为训练任务，通过对变频器工作原理的学习，使学生熟悉变频器的工作模式，掌握用操作单元控制变频器启/停的操作方法。

1. 知识目标

（1）熟悉变频器的工作原理，掌握变频调速系统主电路结构。

（2）了解变频器的工作模式，掌握工作模式的选择方法。

（3）了解变频器启/停控制操作流程，掌握操作单元的使用方法。

2. 技能目标

（1）能对变频器的工作模式进行转换，会监视变频器的运行状态。

（2）能通过操作面板对变频器实施点动、单向连续旋转、正反转及调速操作。

【知识储备】

从20世纪80年代初开始，随着新型电力电子器件和高性能微处理器的应用，变频技术得到迅猛发展，使通用变频器实现了商品化。目前变频器主要用于交流电动机的转速控制，是公认的交流电动机最理想、最有前途的调速方案。变频器除了具有卓越的调速性能外，还有显著的节能作用，是企业技术改造和产品更新换代的理想调速装置。

1. 变频器的工作原理

通用变频器主要由主电路和控制电路组成，其组成框图如图3.1所示。变频实质上就是把直流电逆变成不同频率的交流电，或是把交流电变成直流电再逆变成不同频率的交流电。总之，这一切过程电能都不发生变化，而只有频率发生变化。

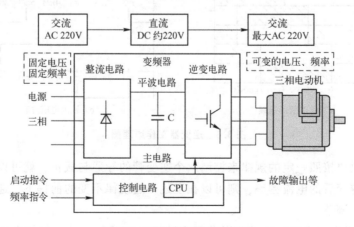

图3.1　通用变频器组成框图

(1) 变频器主电路

变频器主电路给异步电动机提供调压调频电源,它是变频器电力变换部分,主要由整流单元、中间直流环节和逆变单元组成,如图3.2所示。

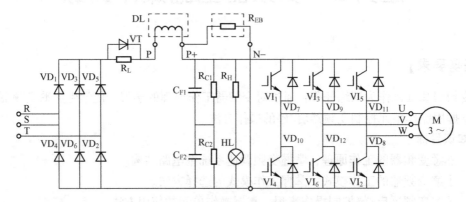

图3.2 变频器主电路原理图

① 整流单元。变频器的整流单元由三相桥式整流电路构成,整流元件分别为 $VD_1 \sim VD_6$,作用是将工频三相交流电整流成直流电。

② 逆变单元。变频器的逆变单元是变频器的核心部分,是实现变频的具体执行环节。逆变器常见的结构形式是由六个半导体主开关器件组成的三相桥式逆变电路。在每个周期中,逆变桥中各逆变管导通时间如图3.3(a)中阴影部分所示,得到 u_{UV}、u_{VW}、u_{WU} 波形,如图3.3(b)所示。

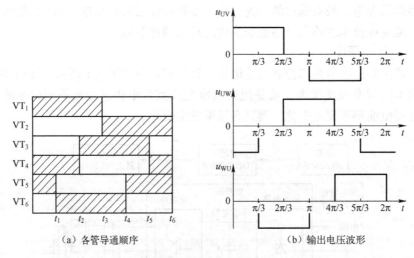

(a) 各管导通顺序　　　　　　(b) 输出电压波形

图3.3 逆变器工作原理图

由图可知,只要按照一定的规律来控制六个逆变管的导通与截止,就可以把直流电逆变成三相交流电。而逆变后的电流频率,则可以在上述导通规律不变的前提下,通过改变控制信号的变化周期来进行调节。

③ 中间直流环节。滤波电容器 C_F 的作用是滤平整流后的纹波,保持电压平稳。由于受电容量和耐压能力的限制,滤波电路通常由若干个电容器并联成一组,如图3.2中的 C_{F1} 和 C_{F2} 所

示。因为电解电容的参数有较大的离散性，为了使 U_{D1} 和 U_{D2} 相等，在 C_{F1} 和 C_{F2} 旁各并联一个阻值相等的均压电阻 R_{C1} 和 R_{C2}。

限流电阻 R_L 的作用是在变频器刚接通电源后的一段时间里，将电容器 C_F 的充电电流限制在允许范围以内。当 C_F 充电到一定程度时，再令 VT 导通，将 R_L 短路掉。

电荷指示灯 HL 除了指示电源是否接通外，还有一个十分重要的功能，即在变频器切断电源后，指示滤波电容器 C_F 上的电荷是否已经释放完毕，如图 3.4 所示。

图 3.4　电荷指示灯

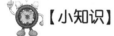【小知识】

> 由于 C_F 的容量较大，而切断电源又必须在逆变电路停止工作的状态下进行，所以 C_F 没有快速放电回路，其放电时间往往长达数分钟。又由于 C_F 上的电压较高，如不放完，对人身安全将构成威胁，故在维修变频器时，必须等电荷指示灯完全熄灭后才能接触变频器内部的导电部分。

（2）变频器控制电路

变频器控制电路框图如图 3.5 所示，主要由运算电路、检测电路、I/O 电路和驱动电路等构成。其主要任务是完成对逆变器的开关控制、对整流器的电压控制及完成各种保护功能等。

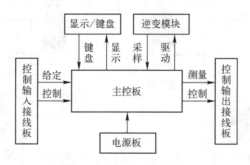

图 3.5　变频器控制电路框图

【工程经验】

> 从变频器的硬件可以初步判断其性能。很多人搞不清变频器价格为什么差别那么大，即使同一品牌的各个型号之间价格差别也很大，这其中硬件的差别是一个主要原因，价格低的变频器其模块性能相应较差，电容量也相应减少，主板、驱动板电路简单，保护功能少，变频器容易坏！对于一些运行平稳、负载轻、调速简单的电机，用那些材料缩水的变频器倒没关系，如果是用于负载重、速度变化快、经常急刹车的电机，那么最好不要贪便宜，否则得不偿失。

2. 变频器的运行模式

运行模式是指变频器的受控方式。根据控制信号来源的不同，变频器的运行模式有三种选择，即操作单元控制、外部控制和网络控制。

(1) PU 控制

操作单元控制又称 PU 控制，即在操作单元上实施对变频器的控制。变频器的受控信号来自它的操作单元，也就是启/停指令和频率指令需要通过操作单元来完成，如图 3.6 所示。启动指令由正转键【STF】或反转键【STR】输入，停止指令由停止键【STOP】输入。使用 M 旋钮，可以在运行中改变变频器的输出频率。

图 3.6 PU 运行模式

(2) 外部控制

外部控制又称 EXT 控制，即在外部端子上实施对变频器的控制。变频器的受控信号来自外部接线端子，变频器的启动指令和频率指令需要通过外部输入设备（电位器、开关）来完成，如图 3.7 和图 3.8 所示。

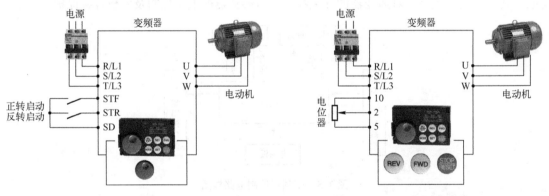

图 3.7 外部模式 1　　　　　　图 3.8 外部模式 2

(3) 网络控制

网络控制又称 NET 控制，即变频器的受控信号来自 PLC，PLC 以通信方式对变频器实施运行控制，变频器的转向指令和频率指令需要通过 RS-485 通信接口来完成，如图 3.9 所示。

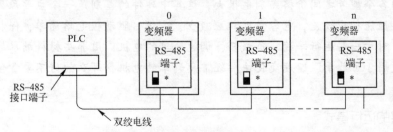

图 3.9 网络模式

(4) 运行模式转换

变频器默认的运行模式是外部控制，当系统接通电源后，变频器会自动进入外部控制运行状态，即 EXT 指示灯亮。通过操作【PU/EXT】键可以切换变频器的运行模式，使变频器的运行模式在外部控制、PU 控制、点动控制（JOG）三者之间转换，如图 3.10 所示。

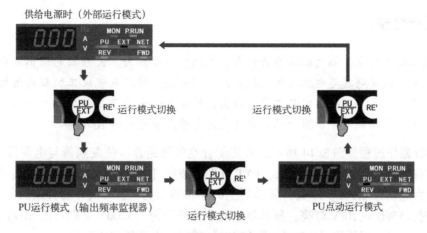

图 3.10　运行模式的转换操作流程

3. 变频器的监视模式

变频器的监视模式用于显示变频器运行时的频率、电流、电压和报警信息，使用户了解变频器的实时工作状态。变频器的监视模式有三种选择，分别是频率监视、电流监视和电压监视，如图 3.11 所示。

图 3.11　监视模式

变频器默认的监视模式是频率监视，当系统接通电源后，变频器会自动进入频率监视状态，即 Hz 指示灯亮起。在监视模式下，按【SET】键可以循环显示输出频率、输出电流和输出电压，如图 3.12 所示。

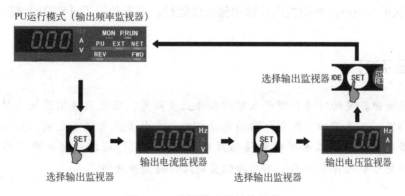

图 3.12　监视模式的转换操作

4. PU 控制变频器启/停操作

（1）点动运行

变频器驱动电动机点动运行电路如图 3.13 所示。在三相交流电源与变频器之间串接一个空气断路器，通过该断路器的接通与分断来控制变频器与电源的接通与脱离。

【工程经验】

在变频调速系统中，漏电断路器为什么易跳闸？这是因为，变频器的输出波形含有高次谐波，而电动机及变频器与电机间的电缆会产生漏电流，该漏电流比工频驱动电机时大了许多，所以产生该现象。变频器变频工作时输出侧的漏电流大约是工频工作时的 3 倍，外加电动机等漏电流，选择漏电保护器的动作电流应该大于工频电流的 10 倍。

点动运行操作过程如图 3.14 所示。首先闭合空气断路器，使变频器与电源接通，变频器的工作模式自动进入到外部控制状态，EXT 灯亮；按压【PU】键，将变频器的运行模式由外部控制切换为点动控制，PU 灯亮，显示器上的字符显示为"JOG"；当持续按压【FWD】或【REV】键时，FWD 或 REV 灯亮，显示器上的字符显示为"5.00"（默认值5Hz），电动机以该频率做点动运行；当松脱【FWD】或【REV】键时，电动机停止运行。

（2）连续运行

变频器驱动电动机连续运行电路如图 3.15 所示。在三相交流主电源与变频器之间串接一个交流接触器，通过该接触器主触点的闭合与分断来控制变频器与电源的接通与分断。从图 3.15 可见，这是一个典型的"启—保—停"控制电路，通过该电路可以控制交流接触器主触点的动作，最终完成变频器与电源接通或分断。

【工程经验】

在主电路中，不建议采用图 3.13 所示的电路，变频器最好通过一个交流接触器再接至交流电源，以防止发生故障时扩大事故或损坏变频器。

连续运行操作过程如图 3.16 所示。当变频器上电后，变频器自动进入外部运行控制状态，EXT 灯亮；按压【PU】键，将变频器的运行模式由外部控制切换为 PU 控制，PU 灯亮，显示器上的字符显示为"0.00"；当点动按压【FWD】键时，FWD 灯亮，显示器上的字符显示为"50.00"（默认值50Hz），电动机以该频率做连续运行；当点动按压【STOP】键时，电动机停止运行。

【工程经验】

不要用主电源开关的接通和断开来启动和停止变频器，应使用控制面板上的控制键来启动和停止变频器。这是因为，控制电路的电源在尚未充电至正常电压之前，变频器工作状况有可能出现紊乱；当然也尽量不要用接触器来启动和停止变频器，因为当变频器脱离电源后，电动机将处于自由停车状态，不能按预置的降速时间来停机。

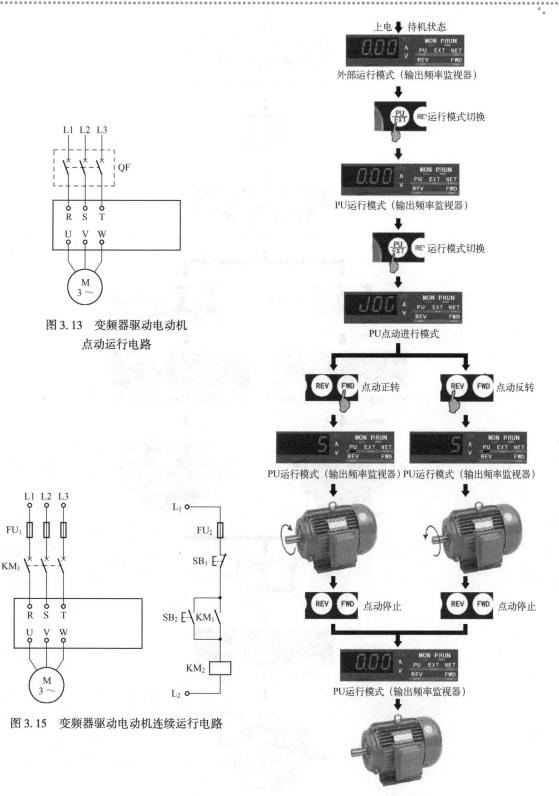

图 3.13　变频器驱动电动机点动运行电路

图 3.15　变频器驱动电动机连续运行电路

图 3.14　点动运行操作过程

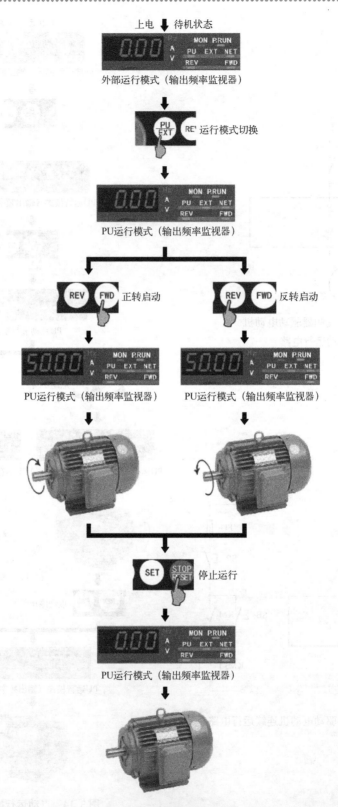

图 3.16 连续运行操作过程

(3) 调速运行

变频器主要用于交流电动机的转速控制,是公认的交流电动机最理想、最有前途的调速方案。通用变频器的调速范围很宽,以三菱 FR－A740－0.75K－CHT 变频器为例,其输出频率调节范围为 0.02～400Hz,因此变频器可在较宽的频率范围内对三相异步电动机进行无级调速。变频器驱动电动机调速运行电路如图 3.15 所示。

① 运行前调速操作。

条件:假设变频器上电,显示器上的字符显示为"0.00",电动机处于静止状态。

要求:变频器驱使电动机以 30Hz 频率运行,那么应该如何操作呢?

在此状态下,顺时针旋转变频器的 M 旋钮,观察显示器上的数值变化。当显示数值达到 30Hz 时,停止 M 旋钮的旋转,此时显示器上的显示字符为"30.00",且持续闪烁。点按【SET】键,此时显示器上的字符仍然为"30.00",但停止闪烁,即运行频率的设定值(30Hz)被确定。当按压【FWD】或【REV】键时,电动机开始启动并以 30Hz 频率保持连续运行状态。当点动按压【STOP】键时,电动机停止运行,如图 3.17 所示。

② 运行中调速操作。

条件:假设变频器驱动的电动机已经稳定运行,显示器上的字符显示为"30.00"。

要求:变频器驱使电动机以 50Hz 频率运行,那么应该如何操作呢?

在此状态下,顺时针旋转变频器的 M 旋钮,观察显示器上的数值变化。当显示数值达到 50Hz 时,停止 M 旋钮的旋转,此时显示器上的显示字符为"50.00",且持续闪烁。点按【SET】键,此时显示器上字符仍然为"50.00",但停止闪烁,即运行频率的设定值(50Hz)被确定,电动机运行速度提升,并以 50Hz 频率保持连续运行状态。当点动按压【STOP】键时,电动机停止运行,如图 3.18 所示。

【工程经验】

变频器在刚接通电源的瞬间,由于过大的充电电流会构成对电网的干扰,因此应将变频器接通电源的次数降低到最小程度。

【任务实施】

1. 实训器材

① 变频器,型号为三菱 FR－A740－0.75K－CHT 变频器,每组 1 台。

② 三相异步电动机,型号为 A05024、功率 60W,每组 1 台。

③ 维修电工常用工具,每组 1 套。

④ 对称三相交流电源,线电压为 380V,每组 1 个。

2. 实训步骤

(1) 选择运行模式操作

假设变频器处于待机状态,当前工作模式为 EXT 控制、频率监视,其操作流程如图 3.10 所示。

第一步:选择 PU 控制。

操作过程:点动按压【PU/EXT】键一次。

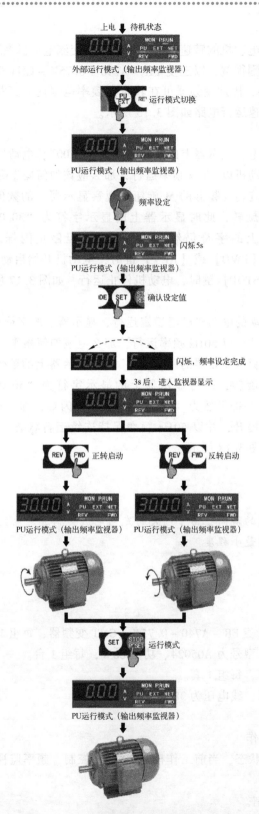

图 3.17　运行前频率设定及运行操作过程

图 3.18 运行中频率设定及运行操作过程

观察项目：观察运行模式指示灯和显示器上显示的字符。

现场状况：变频器的 PU 指示灯点亮，EXT 指示灯熄灭；显示器上显示的字符为"0.00"。

第二步：选择点动控制。

操作过程：点动按压【PU/EXT】键一次。

观察项目：观察变频器的运行模式指示灯和显示器上显示的字符。

现场状况：变频器的 PU 指示灯点亮，EXT 指示灯熄灭；显示器上显示的字符为"JOG"。

第三步：选择 EXT 控制。

操作过程：点动按压【PU/EXT】键一次。

观察项目：观察变频器的运行模式指示灯和显示器上显示的字符。

现场状况：变频器的 EXT 指示灯点亮，PU 指示灯熄灭；显示器上显示的字符为"0.00"。

(2) 选择监视模式操作

假设变频器处于待机状态，当前工作模式为 PU 控制、频率监视，其操作流程如图 3.12 所示。

第一步：选择电流监视。

操作过程：点动按压【SET】键一次。

观察项目：观察显示器旁边的单位指示灯和显示器上显示的字符。

现场状况：电流"A"指示灯点亮，频率"Hz"指示灯熄灭，电压"V"指示灯熄灭；显示器上显示的字符为"0.00"。

第二步：选择电压监视。

操作过程：点动按压【SET】键一次。

观察项目：观察显示器旁边的单位指示灯和显示器上显示的字符。

现场状况：电压"V"指示灯点亮，电流"A"指示灯熄灭，频率"Hz"指示灯熄灭；显示器上显示的字符为"0.0"。

第三步：选择频率监视。

操作过程：点动按压【SET】键一次。

观察项目：观察显示器旁边的单位指示灯和显示器上显示的字符。

现场状况：频率"Hz"指示灯点亮，电压"V"指示灯熄灭，电流"A"指示灯熄灭；显示器上显示的字符为"0.00"。

(3) 点动运行操作

假设变频器处于待机状态，当前工作模式为 PU 控制、频率监视。点动运行操作流程如图 3.14 所示。

第一步：设定点动控制。

操作过程：点动按压【PU】键一次。

观察项目：观察变频器操作单元上的指示灯和显示器上显示的字符；观察电动机的转向及转速。

现场状况：PU 指示灯点亮，显示器上显示的字符为"JOG"；电动机没有旋转。

第二步：正向点动运行。

操作过程：持续按压【FWD】键。

观察项目：观察变频器操作单元上的指示灯和显示器上显示的字符；观察电动机的转向及

转速。

现场状况：PU 和 FWD 指示灯点亮，显示器上显示的字符为"5.00"；电动机正向低速旋转。

第三步：停止正向点动。

操作过程：松脱按压【FWD】键。

观察项目：观察变频器操作单元上的指示灯和显示器上显示的字符；观察电动机的转向及转速。

现场状况：PU 指示灯点亮，FWD 指示灯熄灭，显示器上显示的字符由"0.00"跳转到"JOG"；电动机停止旋转。

第四步：反向点动运行。

操作过程：持续按压【REV】键。

观察项目：观察变频器操作单元上的指示灯和显示器上显示的字符；观察电动机的转向及转速。

现场状况：PU 和 REV 指示灯点亮，显示器上显示的字符为"5.00"；电动机反向低速旋转。

第五步：停止点动。

操作过程：松脱按压【REV】键。

观察项目：观察变频器操作单元上的指示灯和显示器上显示的字符；观察电动机的转向及转速。

现场状况：PU 指示灯点亮，REV 指示灯熄灭，显示器上显示的字符为"JOG"；电动机停止旋转。

（4）连续运行操作

假设变频器处于待机状态，当前工作模式为 PU 控制、频率监视。连续运行操作流程如图 3.16 所示。

第一步：设定正向连续运行。

操作过程：点动按压【FWD】键。

观察项目：观察变频器操作单元上的指示灯和显示器上显示的字符；观察电动机的转向及转速。

现场状况：PU 和 FWD 指示灯点亮，显示器上显示的字符为"50.00"；电动机正向高速旋转。

第二步：反向连续运行。

操作过程：点动按压【REV】键。

观察项目：观察变频器操作单元上的指示灯和显示器上显示的字符；观察电动机的转向及转速。

现场状况：PU 和 REV 指示灯点亮，显示器上显示的字符为"50.00"；电动机由正向旋转→停止→反向旋转。

第三步：停止运行。

操作过程：点动按压【STOP】键。

观察项目：观察变频器操作单元上的指示灯和显示器上显示的字符；观察电动机的转向及转速。

现场状况：PU 指示灯点亮，REV 指示灯熄灭，显示器上显示的字符为"50.00"；电动机停止旋转。

(5) 设定运行频率的连续运行

假设变频器处于待机状态,当前工作模式为 PU 控制、频率监视。设定运行频率的连续运行操作流程如图 3.17 所示。

第一步:设定运行频率。

操作过程:右旋 M 旋钮,将显示器上显示的字符调整为"30.00",然后再点动按压【SET】键。

观察项目:观察变频器操作单元上的指示灯和显示器上显示的字符;观察电动机的转向及转速。

现场状况:PU 指示灯点亮,显示器上显示的字符在"F"和"30.00"之间交替闪烁,在持续闪烁 2s 后,显示字符为"0.00";电动机没有旋转。

第二步:正向连续运行。

操作过程:点动按压【FWD】键。

观察项目:观察变频器操作单元上的指示灯和显示器上显示的字符;观察电动机的转向及转速。

现场状况:PU 和 FWD 指示灯点亮,显示器上显示字符为"30.00";电动机正向中速旋转。

第三步:停止运行。

操作过程:点动按压【STOP】键。

观察项目:观察变频器操作单元上的指示灯和显示器上显示的字符;观察电动机的转向及转速。

现场状况:PU 指示灯点亮,FWD 指示灯熄灭,显示器上显示字符为"0.00";电动机停止旋转。

(6) 修改运行频率的连续运行

假设变频器当前工作模式为 PU 控制、频率监视、电动机中速(频率 30Hz)旋转。修改运行频率的连续运行操作流程如图 3.18 所示。

操作过程:右旋 M 旋钮,将显示器上显示的字符调整为"50.00",然后再点动按压【SET】键。

观察项目:观察变频器操作单元上的指示灯和显示器上显示的字符;观察电动机的转向及转速。

现场状况:PU 和 FWD 指示灯点亮,显示器上显示的字符在"F"和"50.00"之间交替闪烁,在持续闪烁 2s 后,显示字符为"50.00";电动机高速(频率 50Hz)旋转。

【工程素质培养】

1. 职业素质培养要求

变频器在上电前,必须反复核对输入、输出端子,输入必须接 R、S、T 端子,输出必须接 U、V、W 端子,并予以确认;变频器必须可靠接地,检查接地端子压接状态;端子和导线的连接应牢靠;检查主端子压接状态。

变频器在上电后,如果需要改接线或进行维修,应关断电源,待电荷指示灯熄灭后才能进行开盖操作。

2. 专业素质培养问题

问题1：电源开关闭合以后，变频器没有工作。

解答：检查变频器主电路接线是否正确、开关接触是否良好；检查供电电源是否停电、缺相；检查变频器的快速熔断器是否动作熔断。

问题2：在操作过程中，偶尔出现屏抖甚至黑屏现象。

解答：这是因为面板电路是通过 PU 接口插入到主机电路中去的，出现上述现象并不是变频器工作不正常，而是 PU 接口插接时有松动或虚接。

问题3：在变频器工作过程中，电流监视显示的数值异常增大。

解答：这可能是三相异步电动机单相运行造成的，检查变频器输出端子接线是否良好。

问题4：变频器上电以后，按压正转【FWD】键，变频器正转指示灯开始闪烁，但电动机没有旋转。

解答：这是因为变频器没有得到频率输出指令，此时应通过 M 旋钮给出一个频率设定值，使变频器得到频率输出指令，控制电动机开始旋转并在设定的频率上运行。

问题5：变频器上电以后，同时按压正转【FWD】键和反转【REV】键，变频器没有频率输出，电动机不旋转。

解答：如果同时按压正转【FWD】键和反转【REV】键，相当于变频器的运行方向无明确指向，则变频器没有频率输出，电动机不旋转。

3. 解答工程实际问题

问题情境1：在进行变频器操作训练时，当多台变频器上电以后，变频器显示的监视内容却不相同，有的变频器监视频率，有的变频器监视电压或电流。

趣味问题：为什么多台变频器上电以后，显示的监视内容却各有不同呢？

工程答案：之所以出现上述情况，原因是每台变频器设置的最先显示内容不同。变频器在使用时，用户对变频器监视的内容要求是不相同的，有的可能首先关注频率，有的可能关注电流，有的可能关注电压。为满足不同用户差别性要求，三菱 FR – A740 变频器有设置最先显示内容这样的功能。如果持续按住【SET】键 1s 以上时间，当听到 "嘀" 的一声长响，即可设置屏幕最先显示的监视内容，例如，若要设置频率显示优先，则当屏幕上显示输出频率时，持续按住【SET】键 1s 即可。

问题情境2：变频器在运行过程中，如果逆时针旋转旋钮 M，则频率按预置的降速时间开始降速；如果顺时针旋转旋钮 M，则频率按预置的升速时间开始上升。

趣味问题：仔细观察不难发现，不管是频率上升还是下降，其参数的变化率总是一个渐进的过程。以频率参数为例，起初调整幅度很小，单位为 0.01Hz，如果调整时间继续持续后延，频率的调整幅度就跟随依次加大，单位由 0.01Hz 加大到 1Hz，甚至 10Hz。那么参数调整的这个渐进过程在实际工程上有什么用处呢？

工程答案：起初的调整或是短暂的调整主要目的是对变频器的参数做精细准确的修正，所以变频器在系统软件设计时就设定了起始段参数调整的极小幅度，例如对于 4 极电动机来说，0.01Hz 频率的改变，仅相当于转速改变 0.3r/min，由此可见转速微调的精度。同样，为了缩短调整时间，也设定了参数调整的较大幅度，使被调参数快速接近目标值，然后再做精细修正，所以变频器参数调整的渐进过程在实际工程上非常实用。

任务4　变频器的测量操作训练

【任务要求】

以变频器的测量操作为训练任务，通过对PWM控制技术的学习，使学生熟悉变频与变压之间的相互关系，掌握SPWM控制方式。

1. 知识目标

（1）熟悉变频器的变频与变压，理解恒压频比的意义。
（2）了解脉幅调制和脉宽调制的指导思想。
（3）了解SPWM波形，掌握单极性和双极性SPWM波形的控制方法。

2. 技能目标

（1）能对变频器的运行参数进行读取和比较。
（2）会用示波器测量变频器的输出电压波形。

【知识储备】

在变频调速系统中，随着变频器输出频率的变化，必须相应地调节其输出电压。此外，在变频器输出频率不变的情况下，为了补偿电网电压和负载变化所引起的输出电压波动，也应适当地调节其输出电压。实现调压和调频的方法有很多种，目前应用较多的是脉冲宽度调制技术，简称PWM技术。它针对变频器的电压和频率控制，在频率控制、动态响应、抑制谐波、效率等方面优点显著。

1. 变频与变压

由《电机学》公式 $U_1 \approx E_1 = 4.44 f_1 W_1 K_{W1} \Phi_m$ 可知，如果定子每相感应电动势的有效值 E_1 不变，改变定子频率时会出现下面两种情况。

（1）在基频（额定频率 f_N）以下调速

在基频以下调速时，需要调节电源电压，否则电动机将不能正常运行，其原因如下：当降低 f_1 时，如果 U_1 不变，将使磁通 Φ_m 增大，电动机磁路饱和，励磁电流急剧增加，使电动机性能下降，严重时会因绕组过热烧坏电动机。为防止磁路饱和，应使 Φ_m 保持不变，于是 U_1/f_1 必须保持常数，即恒压频比。

（2）在基频（额定频率 f_N）以上调速

在基频以上调速时，也按比例升高电压是很困难的。因此只好保持电压不变，这时 f_1 越高，Φ_m 越弱，结果是电动机的铁芯没有得到充分利用，造成浪费。

由上面的讨论可知，异步电动机的变频调速必须按照一定规律同时改变定子电压和频率，即必须通过变频装置获得电压、频率均可调节的供电电源。

【现场讨论】

问题：电动机使用工频电源驱动时，电压下降则电流增加；对于变频器驱动，如果频率下降时电压也下降，那么电流是否增加呢？

结论：当频率下降时，如果输出相同的功率，则电流增加，但在转矩一定的条件下电流几乎不变。

2. 恒压频比的实现

要使变频器在频率变化的同时，电压也同时变化，并且维持 U_1/f_1 = 常数，技术上有两种控制方法，即脉幅调制（PAM）和脉宽调制（PWM）。

脉幅调制（PAM）是按一定规律改变脉冲列的脉冲幅度，以调节输出量和波形的一种调制方式。它的指导思想是在调节频率的同时也调节整流后直流电压的幅值 U_D，以此来调节变频器输出交流电压的幅值。由于采用这种方法控制电路很复杂，现在已经很少使用。

脉宽调制（PWM）是按一定规律改变脉冲列的脉冲宽度，以调节输出量和波形的一种调制方式。它的指导思想是将输出电压分解成很多的脉冲，调频时控制脉冲的宽度和脉冲间隔时间就可控制输出电压的幅值，PWM 的电路框图及输出电压基本波形如图 4.1 所示。

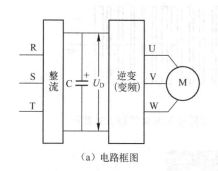 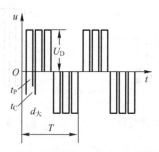 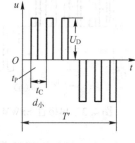

（a）电路框图　　　（b）频率较高时的输出电压基本波形　　（c）频率较低时的输出电压基本波形

图 4.1　PWM 的电路框图及输出电压基本波形

如图 4.2（a）所示为一个正弦半波，将其分成 n 等份，每一份可以看作是一个脉冲，很显然这些脉冲宽度相等，都等于 π/n，但幅值不等，脉冲顶部为曲线，各脉冲幅值按正弦规律变化。若把上述脉冲系列用同样数量的等幅不等宽的矩形脉冲序列代替，并使矩形脉冲的中点和相应正弦等分脉冲的中点重合，且使二者的面积相等，就可以得到图 4.2（b）所示的脉冲序列，即 PWM 波形。可以看出，各脉冲的宽度是按正弦规律变化的。根据面积相等、效果相同的原理，PWM 波形和正弦半波是等效的。用同样的方法，也可以得到正弦波负半周的 PWM 波形。完整的正弦波形用等效的 PWM 波形表示，

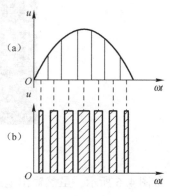

图 4.2　PWM 原理示意图

称为 SPWM 波形。

3. SPWM 控制方式

形成 PWM 波形最基本的方法是利用三角形调制波和控制波比较。控制系统通过比较电路将调制三角波与各相的控制波进行比较，变换为逻辑电平，并通过驱动电路使功率器件交替导通和关断，则变频器输出各相电压波形。为使逆变器输出电压波形趋于正弦波，常采用 SPWM 控制方式，控制上常有单极性和双极性两种方式。

单极性控制方式波形如图 4.3 所示，在调制波 u_r 的每半个周期内，载波 u_c 只在一个方向变化，得到的 SPWM 波形也只在一个方向变化。双极性控制方式波形如图 4.4 所示，在调制波 u_r 的每半个周期内，载波 u_c 在正、负两个方向变化，得到的 SPWM 波形也是在两个方向变化，示波器显示的 SPWM 控制实测波形如图 4.5 所示。

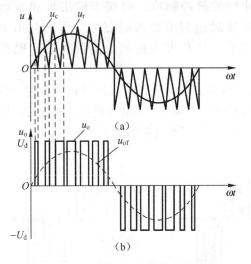

图 4.3 单极性 SPWM 控制方式波形

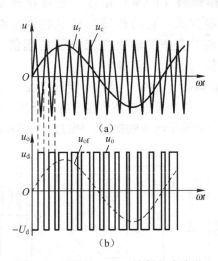

图 4.4 双极性 SPWM 控制方式波形

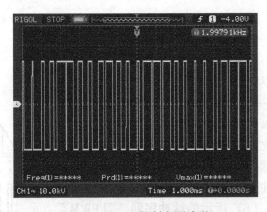

图 4.5 SPWM 控制实测波形

如图 4.6 所示，虽然输出电压波形与正弦波相差甚远，但由于变频器的负载是电感性负载电动机，而流过电感的电流是不能突变的，当把调制为几千赫兹的 SPWM 电压波形加到电动机上时，其电流波形就是比较好的正弦波了，如图 4.7 所示。

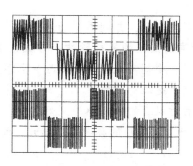 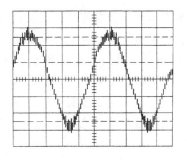

图 4.6　输出电压波形　　　　　图 4.7　输出电流波形

【课堂讨论】

为什么变频器不能用作变频电源？

变频电源的整个电路由交流—直流—交流—滤波等部分构成，因此它输出的电压和电流波形均为纯正的正弦波，非常接近理想的交流供电电源，可以输出世界上任何国家的电网电压和频率。而变频器是由交流—直流—交流（调制波）等电路构成的，变频器标准叫法应为变频调速器，其输出电压的波形为脉冲方波，且谐波成分多，电压和频率同时按比例变化，不可分别调整，不符合交流电源的要求，原则上不能做供电电源使用，一般仅用于三相异步电动机的调速。

4. 测量仪表的选用

在变频器的调试及运行过程中，有时需要测量它的某些输入、输出量。由于通常使用的交流仪表都是以测量工频正弦波形为目的而设计制造的，而变频器电路中的许多量并非标准工频正弦波。因此，测量变频器电路时如果仪表类型选择不当，测量结果会有较大的误差，甚至根本无法进行测量。测量变频器电路的电压、电流、功率时可根据下列要求，选择适当的仪表。

输入电压：因为是工频正弦电压，故各类仪表均可使用。

输出电压：一般用整流式仪表。如选用电磁式仪表，则读数偏低。但绝对不能用数字电压表。

输入和输出电流：一般选用电磁式仪表。热电式仪表也可以选用，但反应迟钝，不适用于负载变动的场合。

输入和输出功率：均可用电动式仪表。

【课堂讨论】

为什么用普通数字表测量变频器的输出电压不能得到准确的结果？应使用什么形式的仪表？

一般变频器的输出电压波形是由很多个（几百甚至几千）幅值相同，但宽度不同的"方波"组成的（在半个周期内，中心区域最宽，向两边逐渐变窄），完全不是正弦波形，如图 4.8（a）所示，输出电压的平均值是通过改变占空比来调节的。

普通数字表不像指针表那样，利用通电线圈产生磁场，并利用磁场的作用力来转动表针指示测量值，而是由电子元件发出一系列频率和宽度固定的采样脉冲，对被测量进行采样，如图4.8（b）所示。每隔一段时间（例如50Hz的一个周期或者半个周期）计算一次采样结果的平均值，得到与被测量成比例的数值，作为测量结果。

当用普通数字表测量变频器的输出电压时，有时仪表的采样脉冲刚好和变频器输出电压的脉冲重合，采样结果为直流电压U_D；有时采样脉冲和电压的脉冲正好错开，此时采样结果将为0V。

因为变频器输出电压的占空比是随着给定频率和预制的压频比（U/f）变化的，所以仪表的采样结果将无规律可循，但总的来讲，因为每次采样电压都是直流电压U_D，故测量显示值将比实际值偏大，如图4.8（c）所示。

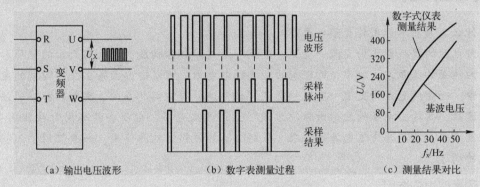

（a）输出电压波形　　　（b）数字表测量过程　　　（c）测量结果对比

图4.8　普通数字表测量变频器的输出电压

完全能够测得变频器输出电压和电流有效值，并且保证达到仪表规定的标准度的仪表是可适应频率范围为0赫兹到几千或者几万赫兹的专用数字表。

【任务实施】

1. 实训器材

① 变频器，型号为三菱 FR-A740-0.75K-CHT，1台/组。

② PLC，型号为三菱 FX_{3U}-64M，1个/组。

③ 示波器，型号为普源精电 DS1052E，1个/组。

④ 三相异步电动机，型号为 A05024、功率60W，1台/组。

⑤ 维修电工常用仪表和工具，1套/组。

⑥ 按钮，型号为施耐德 ZB2-BE101C（不带自锁），2个（绿色和红色）/组。

⑦ 对称三相交流电源，线电压为380V，1个/组。

2. 实训步骤

（1）测量变频器电压与频率的比值

接通电源，使变频器处于待机状态。假设变频器当前工作模式为PU控制、频率监视、正转稳定运行，记录输出电压和电流的显示值，计算电压显示值与频率显示值之比，填写在表4.1中并给出验证结论。

表 4.1　变频器压频比测量表

测 量 项 目	20Hz	30Hz	40Hz	50Hz	结　　论
电压显示值					
频率显示值					
压频比					

第一步：20Hz 时压频比测量。

操作过程：调节 M 旋钮，将显示器上显示的字符调整为"20.00"，然后再点动按压【SET】键。

观察项目：观察变频器操作单元上的指示灯，读取显示器上的电压显示值和频率显示值。

现场状况：PU 和 FWD 指示灯点亮，显示器上显示的字符为"F"和"20.00"，并且这两种字符相互间交替闪烁，在持续闪烁 2s 后，显示器上显示的字符为"20.00"；电动机以 20Hz 频率正向旋转。

第二步：30Hz 时压频比测量。

操作过程：调节 M 旋钮，将显示器上显示的字符调整为"30.00"，然后再点动按压【SET】键。

观察项目：观察变频器操作单元上的指示灯，读取显示器上的电压显示值和频率显示值。

现场状况：PU 和 FWD 指示灯点亮，显示器上显示的字符为"F"和"30.00"，并且这两种字符相互间交替闪烁，在持续闪烁 2s 后，显示器上显示的字符为"30.00"；电动机以 30Hz 频率正向旋转。

第三步：40Hz 时压频比测量。

操作过程：调节 M 旋钮，将显示器上显示的字符调整为"40.00"，然后再点动按压【SET】键。

观察项目：观察变频器操作单元上的指示灯，读取显示器上的电压显示值和频率显示值。

现场状况：PU 和 FWD 指示灯点亮，显示器上显示的字符为"F"和"40.00"，并且这两种字符相互间交替闪烁，在持续闪烁 2s 后，显示器上显示的字符为"40.00"；电动机以 40Hz 频率正向旋转。

第四步：50Hz 时压频比测量。

操作过程：调节 M 旋钮，将显示器上显示的字符调整为"50.00"，然后再点动按压【SET】键。

观察项目：观察变频器操作单元上的指示灯，读取显示器上的电压显示值和频率显示值。

现场状况：PU 和 FWD 指示灯点亮，显示器上显示的字符为"F"和"50.00"，并且这两种字符相互间交替闪烁，在持续闪烁 2s 后，显示器上显示的字符为"50.00"；电动机以 50Hz 频率正向旋转。

（2）观测变频器电压输出波形

接通电源，使变频器处于待机状态。假设变频器当前工作模式为 PU 控制、频率监视、正转稳定运行，用示波器观察并记录变频器的电压输出波形。

第一步：10Hz 时输出波形测量。

操作过程：调节 M 旋钮，设定变频器运行频率为 10Hz；点动按压【SET】键。

观察项目：测试条件如表4.2所示，观察波形的疏密程度及形状。

表4.2 示波器测试条件

通道	状 态	V/格	位 置	耦合方式	带宽限制	反 相
CH1	On	10.0kV/格	−800V	AC	Off	Off
通道	输入电阻	探头				
CH1	1M Ohm	1000X				
时 间	参考时间	s/格	延 时			
Main	中心	1.000ms/格	0.000000s			
触 发	信号源	斜 率	触发模式	耦 合	水平的	延 迟
边缘触发	CH1	上升沿	自动	直流	1.60V	500ns
捕 获	采 样	存储深度	采样频率			
普通	实时	普通	100.0kSa			

现场状况：变频器电压输出波形如图4.9所示。

第二步：30Hz时输出波形测量。

操作过程：调节M旋钮，设定变频器运行频率为30Hz；点动按压【SET】键。

观察项目：测试条件如表4.3所示，观察波形的疏密程度及形状。

表4.3 示波器测试条件

通道	状 态	V/格	位 置	耦合方式	带宽限制	反 相
CH1	On	2.00kV/格	−160V	AC	Off	Off
通道	输入电阻	探头				
CH1	1M Ohm	1000X				
时 间	参考时间	s/格	延 时			
Main	中心	2.000ms/格	0.000000s			
触 发	信号源	斜 率	触发模式	耦 合	水平的	延 迟
边缘触发	CH1	上升沿	自动	直流	1.60V	500ns
捕 获	采 样	存储深度	采样频率			
普通	实时	普通	100.0kSa			

现场状况：变频器电压输出波形如图4.10所示。

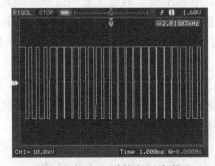
图4.9 10Hz时的电压波形

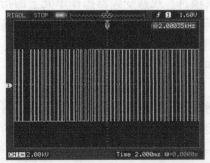
图4.10 30Hz时的电压波形

第三步：40Hz 时输出波形测量。

操作过程：调节 M 旋钮，设定变频器运行频率为 40Hz；点动按压【SET】键。

观察项目：测试条件如表 4.4 所示，观察波形的疏密程度及形状。

表 4.4 示波器测试条件

通 道	状 态	V/格	位 置	耦合方式	带宽限制	反 相
CH1	On	10.0kV/格	−800V	AC	Off	Off
通 道	输入电阻	探 头				
CH1	1M Ohm	1000X				
时 间	参考时间	s/格	延 时			
Main	中心	1.000s/格	0.000000s			
触 发	信号源	斜 率	触发模式	耦 合	水平的	延 迟
边缘触发	CH1	上升沿	自动	直流	−800mV	500ns
捕 获	采 样	存储深度	采样频率			
普通	实时	普通	250kSa			

现场状况：变频器电压输出波形如图 4.11 所示。

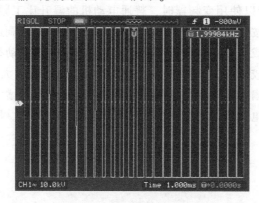

图 4.11 40Hz 时的电压波形

【工程素质培养】

1. 职业素质培养要求

在变频器工作过程中不允许对电路信号进行检查。这是因为，连接测量仪表时所出现的噪声以及误操作可能会使变频器出现故障。用普通万用表测量变频器的输出电压是不准确的，尤其是在频率较低时，所以不能用普通万用表测量变频器的输出电压。

2. 专业素质培养问题

问题 1：在用示波器测量变频器输出波形时，发现示波器的时基线不见了。

解答：出现上述现象的原因有很多，主要包括以下几个方面。

① 调整旋钮（垂直位移调整旋钮或水平位移调整旋钮）位置不正确。通过改变调节旋钮的位置，使时基线出现。

② 亮度调节过低。通过改变亮度旋钮的位置，增加时基线的亮度。

③ 触发信号控制开关挡位错误。应将该开关挡位置于"LINE"处。

④ 通道选择开关状态错误。应将该开关挡位置于"ON"处。

问题2：在测量过程中，发现示波器显示的波形不完整。

解答：出现这种情况的原因是衰减旋钮位置不正确。解决的方法是改变垂直设置，转动垂直比例调节旋钮，直到看到完整波形为止。

问题3：在操作过程中，发现测量的波形噪声太大，整个波形看不清楚。

解答：出现这种情况的原因是信号没有实际接入或信号系统接地不良，也可能是信号本身幅度太小被干扰信号淹没。解决的方法是检查信号系统接线，尽可能消除噪声干扰。

3. 解答工程实际问题

问题情境：在变频器实际应用过程中，工厂经常用普通电动机当作变频专用电动机来使用。

趣味问题：使用变频器供电驱动时，普通电动机的温升为什么比工频电源供电驱动时高？为什么要尽量选用变频专用电动机？

工程答案：不论何种形式的变频器，在运行中均会产生不同程度的谐波电压和电流，使电动机在非正弦电压、电流下运行。谐波能引起电动机铜耗、铁耗及附加损耗的增加，这些损耗都会使电动机额外发热，如果将普通电动机运行于变频器输出的非正弦电源条件下，其温升一般要增加10%~20%，所以使用变频器时，普通电动机的温升比工频时高。

由于普通电动机都是按恒频恒压设计的，不可能完全适应变频调速的要求，性能没有变频专用电动机好，频率太高或太低都会运行不稳定，在低频下转矩波动很大。普通电动机设计转速是很高的，当电源频率较低时，电源中高次谐波所引起的损耗较大，致使电动机温升增大；另外，低频时它自带的风扇不足以冷却自身，更会加剧电动机温升增大；电动机温升增大会影响绕组的使用寿命，限制电动机的输出，严重时甚至会烧毁电动机。所以变频器要尽量与变频专用电动机配套使用。

任务5 功能参数预置操作训练

■【任务要求】

以变频器功能参数预置操作为训练任务,通过对变频功能参数的学习,使学生熟悉功能参数,掌握功能参数的预置操作方法。

1. 知识目标

(1) 了解变频器功能参数预置的作用。
(2) 了解功能参数与参数值的含义。
(3) 掌握变频器常用的功能参数。

2. 技能目标

(1) 能准确选择功能参数。
(2) 能正确预置功能参数。

■【知识储备】

为充分发挥变频器的作用,必须要了解和掌握变频器的主要功能,熟悉变频器的功能码,而且在其投入正常运行前,还要对各种功能参数进行预置,使变频器的输出特性能够满足生产机械的要求。

1. 变频器的功能参数

(1) 功能码与数据码

变频器的功能通常用编码的方式来定义,对应每个编码都赋予了某种特定的功能。所谓功能码就是指变频器的功能编码,而在功能码中所设定的数据就是数据码。在三菱变频器中,功能码改称功能参数,数据码改称参数值。尽管各种变频器的功能设定方法大同小异,但在功能编码方面,它们之间的差异却是很大的。三菱 FR – A740 系列通用变频器的功能参数参见附录 A。

(2) 上限频率与下限频率

上限频率是指变频器运行时不允许超过的最高输出频率,其功能参数为 Pr.1;下限频率是指变频器运行时不允许低于的最低输出频率,其功能参数为 Pr.2。在电气传动控制系统中,有时需要对电动机最高、最低转速加以限制,以保证拖动系统的安全和产品的质量,所采用的方法就是给参数 Pr.1 和 Pr.2 赋值,通过上述参数的设置,限制电动机的运行速度。

Pr.1 和 Pr.2 的功能如图 5.1 所示,参数说明如表 5.1 所示。

表 5.1 Pr.1 和 Pr.2 参数说明

参数编号	名 称	单 位	设定范围	初 始 值		内 容 描 述
Pr.1	上限频率	0.01Hz	0~120Hz	55kW 以下	120Hz	设定输出频率上限
				75kW 以上	60Hz	
Pr.2	下限频率	0.01Hz	0~120Hz	0Hz		设定输出频率下限

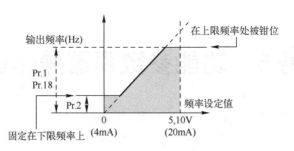

图 5.1　上限频率与下限频率参数功能

变频器均可通过功能参数来预置其上、下限频率,当这两个功能参数设置以后,变频器的输出频率只能在这两个频率之间变化。当变频器的给定频率高于上限频率或者低于下限频率时,变频器的输出频率将被限制在上、下限频率之间。

例如：预置 上限频率=60Hz,下限频率=10Hz。

若给定频率为 30Hz 或 50Hz,则输出频率与给定频率一致;若给定频率为 70Hz 或 5Hz,则输出频率被限制在 60Hz 或 10Hz。

【工程问题】

当电动机运转频率超过 60Hz 时,应注意什么问题?
① 机械和装置在该高转速下运转要充分可能(机械强度、噪声、振动等)。
② 电动机进入恒功率输出范围,其输出转矩要能够维持工作。
③ 产生轴承寿命问题,要充分加以考虑。
④ 对于中容量以上的电动机,特别是 2 极电动机,在 60Hz 以上运转时要特别注意。

(3) 基准频率

基准频率是指变频器在最大输出电压时对应的输出频率,其功能参数为 Pr.3,参数说明如表 5.2 所示。

表 5.2　Pr.3 参数说明

参数编号	名　称	单　位	设定范围	初　始　值	内容描述
Pr.3	基准频率	0.01Hz	0～400Hz	50Hz	设定输出电压最大时的频率

当使用标准电动机运行时,一般将基准频率设定为电动机的额定频率。当需要电动机在工频电源与变频器之间切换运行时,需要将基准频率设定为与电源频率相同。基准频率设定值应与铭牌所标额定频率相同,若铭牌上标识的是"60Hz",则 Pr.3 的设定值应该为"60Hz"。

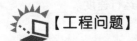【工程问题】

为什么变频器的基准频率要与电动机的额定频率一致呢?

这是因为若基准频率设定低于电动机额定频率,则电动机电压将会增加,输出电压的增加将引起电动机磁通的增加,使磁通饱和,励磁电流发生畸变,出现很大的尖峰电流,从而导致变频器因过流跳闸。若基准频率设定高于电动机额定频率,则电动机电压将会减小,电动机的带负载能力下降。

(4) 加速时间

加速时间是指变频器从启动到输出预置频率所用的时间，其功能参数为 Pr.7。各种变频器都提供了在一定范围内可任意给定加速时间的功能，用户可根据拖动系统的情况自行给定一个加速时间，这样就可以有效解决启动电流大和机械冲击的问题。

Pr.7 的功能如图 5.2 所示，参数说明如表 5.3 所示。

表 5.3 Pr.7 参数说明

参数编号	名 称	单 位	设 定 范 围	初 始 值		内 容 描 述
Pr.7	加速时间	0.1s	0～3600s	7.5kW 以下	5s	设定电动机的加速时间
			0～360s	11kW 以上	15s	

确定加速时间的基本原则是在电动机的启动电流不超过允许值的前提下，尽量地缩短加速时间。在具体的操作过程中，由于计算非常复杂，可以将加速时间设得长一些，观察启动电流的大小，然后再慢慢缩短加速时间。

(5) 减速时间

减速时间是指变频器从输出预置频率到停止所用的时间，其功能参数为 Pr.8。各种变频器都提供了在一定范围内可任意给定减速时间的功能，用户可根据拖动系统的情况自行给定一个减速时间，这样就可以有效解决制动电流大和机械惯性的问题。

Pr.8 的参数功能如图 5.2 所示，参数说明如表 5.4 所示。

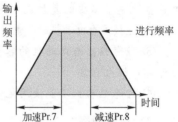

图 5.2 加/减速参数功能

表 5.4 Pr.8 参数说明

参 数	名 称	单 位	设 定 范 围	初 始 值		内 容 描 述
Pr.8	减速时间	0.1s	0～3600s	7.5kW 以下	5s	设定电动机的减速时间
			0～360s	11kW 以上	15s	

在频率下降的过程中，电动机处于再生制动状态。如果拖动系统的惯性较大，电动机将产生过电流和过电压，使变频器跳闸。如何避免上述情况的发生呢？主要是在减速时间上进行合理的选择。减速时间的给定方法同加速时间一样，其值的大小主要考虑系统的惯性，惯性越大，减速时间也越长。一般情况下，加/减速可以选择同样的时间。

【工程经验】

有的人在调试变频器时没有顾及变频器的"感受"，只根据生产需要把加/减速时间调至 1s 以内，结果导致变频器经常损坏。因为加速时间过短，启动电流就大，性能好的变频器会自动限制输出电流，延长加速时间，性能差的变频器会因为电流大而缩短寿命，加速时间最好不少于 2s。当减速太快时，变频器在停车时会受电机反电动势冲击，模块也容易损坏。电机要急停的最好用上刹车单元，不然就延长减速时间或采用自由停车方式，特别是惯性非常大负载，减速时间一般需要几分钟！

(6) 电子过电流保护

电子过电流保护是指当电流超过预定最大值时,变频器的保护装置启动,使变频器停止输出并给出报警信号,其功能参数为 Pr.9。

Pr.9 的参数说明如表 5.5 所示。

表 5.5　Pr.9 参数说明

参数编号	名　称	单　位	初　始　值	设定范围		内容描述
Pr.9	电子过电流保护	0.01A	变频器额定电流	55kW 以下	0～500A	设定电动机的额定电流
		0.1A		75kW 以上	0～3600A	

【小知识】

① 电子过电流保护功能在变频器的电源复位及复位信号的输入后恢复到初始状态,所以要尽量避免不必要的复位或电源切断。
② 连接多台电动机时,电子过电流保护功能无效,每台电动机需要设置各自外部热继电器。
③ 当变频器与电动机的容量差较大、设置值变小时,电子过电流保护作用降低,需要使用外部热继电器。
④ 特殊电动机不能使用电子过电流功能进行保护,需要使用外部热继电器。

(7) 启动频率

启动频率是指变频器启动时输出的频率,其功能参数为 Pr.13。启动频率可以从 0 开始,但是对于惯性较大或是转矩较大的负载,变频器启动频率的设定值不能为 0。

Pr.13 的参数功能如图 5.3 所示,参数说明如表 5.6 所示。

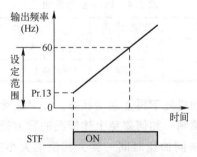

图 5.3　启动频率参数功能

表 5.6　Pr.13 参数说明

参数编号	名　称	单　位	初　始　值	设定范围	内容描述
Pr.13	启动频率	0.01Hz	0.5Hz	0～50Hz	设定电动机启动时的频率

【现场讨论】

(1) 不采用软启动,是否可以将电动机直接投入到某固定频率的变频器呢?

如果电动机是在低频率情况下启动,那当然是可以的。但如果电动机是在较高频率情况下启动，则电动机的工况接近工频电源直接启动时的工况，启动电流很大，变频器因过电流而停止运行，电动机不能启动。

(2) 采用变频器运转时，电动机的启动电流、启动转矩怎样？

采用变频器运转时，随着电动机的加速，频率和电压相应提高，启动电流被限制在150%额定电流以下。用工频电源直接启动时，启动电流为额定电流的6～7倍，因此，将产生机械上的冲击。采用变频器传动可以平滑地启动（启动时间变长），启动电流为额定电流的1.2～1.5倍，可以带全负载启动。

一般情况下，变频调速电动机启动不必从零开始，尤其是在轻载情况下，这样可以减少电动机启动加速时间，改善电动机的启动特性，降低成本，提高生产效率。启动频率的设定原则是在启动电流不超过允许值的前提下，拖动系统能够顺利启动为宜。一般的变频器都可以预置启动频率，一旦预置该频率，变频器对小于启动频率的运行频率将不予理睬。

(8) 点动频率

点动频率是指变频器点动运行时的给定频率，其功能参数为Pr.15，参数说明如表5.7所示。

表5.7　Pr.15 参数说明

参数编号	名　称	单　位	初　始　值	设定范围	内容描述
Pr.15	点动频率	0.01Hz	5Hz	0～400Hz	设定电动机启动时的频率

在工业生产中，动力机械经常需要进行点动，以观察整个拖动系统的运转情况。为防止意外，大多数点动运转的频率都较低。如果每次点动前都需将给定频率修改成点动频率是很麻烦的，所以变频器都提供了预置点动频率的功能。如果预置了点动频率，在每次点动时，只需将变频器的运行模式切换至点动运行模式即可，不必再改动给定频率了。

(9) PWM 频率选择

PWM频率选择用于变更变频器运行时的载波频率，其功能参数为Pr.72，参数说明如表5.8所示。通过参数Pr.72的设定，可以调整电动机运行时的声音。

表5.8　Pr.72 参数说明

参　数	名　称	初　始　值	设定范围	内容描述
Pr.72	PWM频率选择	2	0～15	变更PWM载波频率

(10) 参数写入选择

参数写入选择用于变频器功能参数的写保护，其功能参数为Pr.77，参数说明如表5.9所示。通过参数Pr.77的设定，可以防止参数值被意外改写。

表5.9　Pr.77 参数说明

参　数	名　称	初　始　值	单　位	设定范围	内容描述
Pr.77	参数写入选择	0	1	0	仅限于停止时可以写入
				1	不可写入参数
				2	可以在所有运行模式下不受运行状态限制地写入参数

(11) 反转防止选择

反转防止用于限制电动机的旋转方向,其功能参数为 Pr.78,参数说明如表 5.10 所示。关于反转防止可以有 3 种选择,通过参数 Pr.78 的设定,可以确定电动机的旋转方向。

表 5.10 Pr.78 参数说明

参 数	名 称	初 始 值	单 位	设定范围	内容描述
Pr.78	反转防止选择	0	1	0	正转和反转均可
				1	不可反转
				2	不可正转

(12) 运行模式选择

运行模式选择用于选择变频器的受控方式,其功能参数为 Pr.79,参数说明如表 5.11 所示。变频器的受控方式有 7 种,可以通过参数 Pr.79 的设定来进行选择。

表 5.11 Pr.79 参数说明

参 数	名 称	初 始 值	单 位	设定范围	内容描述
Pr.79	运行模式选择	0	1	0	外部/PU 切换模式
				1	PU 运行模式固定
				2	外部运行模式固定
				3	外部/PU 组合运行模式 1
				4	外部/PU 组合运行模式 2
				6	切换模式
				7	PU 运行模式(PU 运行互锁)

(13) 锁定操作选择

锁定操作选择用于防止参数变更、意外启动/停止,使操作面板的 M 旋钮及键盘操作无效,参数说明如表 5.12 所示。

表 5.12 锁定操作选择功能参数

参 数	名 称	初 始 值	单 位	设定范围	内 容	
Pr.161	频率设定/键盘锁定操作选择	0	1	0	操作 M 旋钮可进行数据的增/减	键盘锁定模式无效
				1	M 旋钮可用于 PU 操作模式的频率调整	
				10	操作 M 旋钮可进行数据的增/减	键盘锁定模式有效
				11	M 旋钮可用于 PU 操作模式的频率调整	

当 Pr.161 的参数值设置为"10"或"11"时,按住模式键【MODE】2s 左右,当听到"嘀"的一声长响后,表示锁定设置完成,操作面板会显示如图 5.4 所示的字样。在此状态下操作 M 旋钮及键盘时,也会出现图 5.4 所示的字样。如果想解除锁定状态,再持续按住【MODE】键 2s 左右即可。

图 5.4　键盘锁定显示

2. 变频器的功能预置

变频器有多种供用户选择的功能，在和具体的生产机械配用时，需根据该机械的特性与要求，预先进行一系列的功能设定（如基准频率、上限频率、加速时间等），这称为功能预置设定，简称预置。预置一般是通过编程方式进行的，尽管各种变频器的功能各不相同，但功能预置的步骤十分相似，预置过程框图如图 5.5 所示。

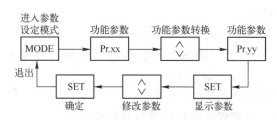

图 5.5　功能预置过程框图

以设置操作单元锁定为例，其操作流程如图 5.6 所示。

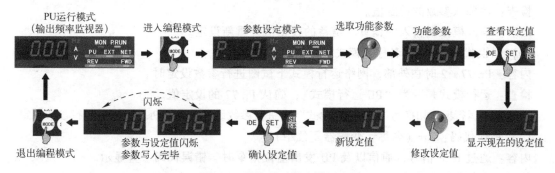

图 5.6　操作单元锁定设置流程

① 查功能参数表，查找需要预置的功能参数。

对照功能参数表（附录 A）查找，确定此项操作要求的功能参数为 Pr.161。

② 在 PU 模式下，读出该功能参数中的原设定值。

待机状态 → 点动按压【MODE】键 → 进入编程模式，屏显"Pr.0" → 连续右旋 M 旋钮 → 屏显"Pr.161" → 点动按压【SET】键 → 屏显"0"（初始值）。

③ 修改设定值，写入新数据。

连续右旋 M 旋钮 → 屏显"10"（设定值）→ 点动按压【SET】键，确定设定值功能参数 Pr.161 与新设定值交替闪烁 → 点动按压【MODE】键 → 退出编程模式 → 设置完成。

3. 常见错误及处理

当三菱机型变频器功能预置出现错误时，首先要观察显示屏上的数字显示，根据所显示的数据获得具体的故障内容，然后采取有针对性的方法来加以解决。

（1）错误代码：HOLD（名称：操作面板锁定）。

内容：设定为操作锁定模式。STOP/RESET 键以外的操作将无法进行。

处理：按【MODE】键 2s 后操作锁定将解除。

（2）错误代码：LOCD（名称：密码设定中）。

内容：正在设定密码功能，不能显示或设定参数。

处理：在 Pr. 297 密码注册/解除中输入密码，解除密码功能后再进行操作。

（3）错误代码：Er1（名称：禁止写入错误）。

内容：Pr. 77 参数写入选择设定为禁止写入的情况下试图进行参数的设定时；频率跳变的设定范围重复时；PU 和变频器不能正常通信时。

处理：检查确认 Pr. 77 参数写入选择的设定值；确认 Pr. 31～Pr. 36（频率跳变）的设定值；确认 PU 与变频器的连接。

（4）错误代码：Er2（名称：运行中写入错误）。

内容：在 Pr. 77≠2（任何运行模式下不管运行状态如何都写入）时的运行中或在 STF（STR）为 ON 时的运行中进行了参数写入。

检查：确认 Pr. 77 的设定值是否在运行中。

处理：设置 Pr. 77 =2，并在停止运行后进行参数设定。

（5）错误代码：Er3（名称：校正错误）。

内容：模拟量输入的偏置、增益的校正值过于接近时。

检查：请确认参数的设定值。

处理：修改模拟量输入的偏置、增益的校正值并重新设定。

（6）错误代码：Er4（名称：模式指定错误）。

内容：Pr. 77≠2 时在外部、网络运行模式下试图进行参数设定时。

检查：运行模式是否为"PU 运行模式"；确认 Pr. 77 的设定值。

处理：把运行模式切换为"PU 运行模式"后进行参数设定，设置 Pr. 77 =2 后进行参数设定。

（7）错误代码：Err（名称：变频器复位中）。

内容：通过 RES 信号、通信以及 PU 发出复位指令时，错误代码一直显示。

处理：将复位指令置为 OFF。

【任务实施】

1. 实训器材

① 变频器，型号为 FR – A740 – 0.75K – CHT，每组 1 台。

② 三相异步电动机，型号为 A05024、功率 60W，每组 1 台。

③ 维修电工常用工具，每组 1 套。

④ 对称三相交流电源，线电压为 380V，每组 1 个。

2. 实训步骤

【提示】

在参数设定时需要将运行模式设定为 PU 运行模式，即"PU"灯亮才能设定。

（1）上限频率变更操作

假设变频器处于待机状态，当前工作模式为 PU 控制、频率监视。利用操作面板将变频器上限频率（P.1）的设定值由 120 变更为 50，其操作流程如图 5.7 所示。

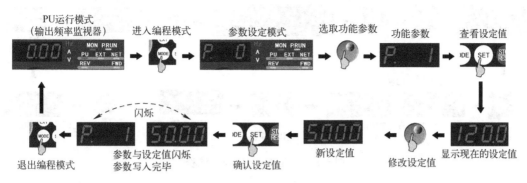

图 5.7　上限频率变更操作流程

第一步：进入编程模式。

操作过程：点动按压【MODE】键，进入编程模式。

观察项目：观察显示器上显示的字符。

现场状况：显示器上显示的字符为"P.××"。

第二步：选择功能参数。

操作过程：旋转 M 旋钮，选取功能参数 Pr.1。

观察项目：观察显示器上显示的字符。

现场状况：显示器上显示的字符为"P.1"。

第三步：查看设定值。

操作过程：点动按压【SET】键，查看设定值。

观察项目：观察显示器上显示的字符。

现场状况：显示器上显示的字符为"120.0"。

第四步：修改设定值。

操作过程：左旋 M 旋钮，将设定值修改为 50。

观察项目：观察显示器上显示的字符。

现场状况：显示器上显示的字符为"50.00"。

第五步：确认设定值。

操作过程：点动按压【SET】键。

观察项目：观察显示器上显示的字符。

现场状况：显示器上显示的字符在"P.1"和"50.00"之间转换闪烁。

第六步：退出编程模式。

操作过程：点动按压【MODE】键。

观察项目：观察显示器上显示的字符。

现场状况：显示器上显示的字符为"0.00"。

(2) 基准频率变更操作

假设变频器处于待机状态，当前工作模式为 PU 控制、频率监视。利用操作面板将变频器基准频率（P.3）的设定值由 50Hz 变更为 60Hz，操作流程如图 5.8 所示。

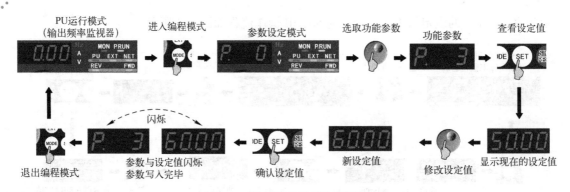

图5.8 基准频率变更操作流程

第一步：进入编程模式。

操作过程：点动按压【MODE】键，进入编程模式。

观察项目：观察显示器上显示的字符。

现场状况：显示器上显示的字符为"P.××"。

第二步：选择功能参数。

操作过程：旋转 M 旋钮，选取功能参数 Pr.3。

观察项目：观察显示器上显示的字符。

现场状况：显示器上显示的字符为"P.3"。

第三步：查看设定值。

操作过程：点动按压【SET】键，查看设定值。

观察项目：观察显示器上显示的字符。

现场状况：显示器上显示的字符为"50.00"。

第四步：修改设定值。

操作过程：右旋M旋钮，将设定值修改为60。

观察项目：观察显示器上显示的字符。

现场状况：显示器上显示的字符为"60.00"。

第五步：确认设定值。

操作过程：点动按压【SET】键。

观察项目：观察显示器上显示的字符。

现场状况：显示器上显示的字符在"P.3"和"60.00"之间转换闪烁。

第六步：退出编程模式。

操作过程：点动按压【MODE】键。

观察项目：观察显示器上显示的字符。

现场状况：显示器上显示的字符为"0.00"。

(3) 加速时间变更操作

假设变频器处于待机状态，当前工作模式为 PU 控制、频率监视。利用操作面板将变频器加速时间（P.7）的设定值由5s变更为10s，其操作流程如图5.9所示。

第一步：进入编程模式。

操作过程：点动按压【MODE】键，进入编程模式。

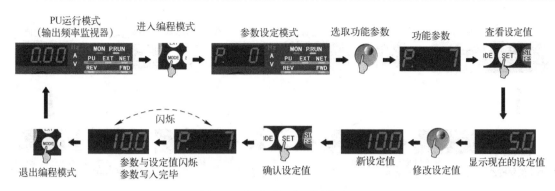

图 5.9 加速时间变更操作流程

观察项目：观察显示器上显示的字符。

现场状况：显示器上显示的字符为 "P. ××"。

第二步：选择功能参数。

操作过程：旋转 M 旋钮，选取功能参数 Pr. 7。

观察项目：观察显示器上显示的字符。

现场状况：显示器上显示的字符为 "P. 7"。

第三步：查看设定值。

操作过程：点动按压【SET】键，查看设定值。

观察项目：观察显示器上显示的字符。

现场状况：显示器上显示的字符为 "5.0"。

第四步：修改设定值。

操作过程：右旋 M 旋钮，将设定值修改为 10。

观察项目：观察显示器上显示的字符。

现场状况：显示器上显示的字符为 "10.0"。

第五步：确认设定值。

操作过程：点动按压【SET】键。

观察项目：观察显示器上显示的字符。

现场状况：显示器上显示的字符在 "P. 7" 和 "10.0" 之间转换闪烁。

第六步：退出编程模式。

操作过程：点动按压【MODE】键。

观察项目：观察显示器上显示的字符。

现场状况：显示器上显示的字符为 "0.00"。

(4) 电子过电流保护变更操作

假设变频器处于待机状态，当前工作模式为 PU 控制、频率监视。利用操作面板将变频器电子过电流保护（P.9）的设定值由 1.19A 变更为 0.33A，其操作流程如图 5.10 所示。

第一步：进入编程模式。

操作过程：点动按压【MODE】键，进入编程模式。

观察项目：观察显示器上显示的字符。

现场状况：显示器上显示的字符为 "P. ××"。

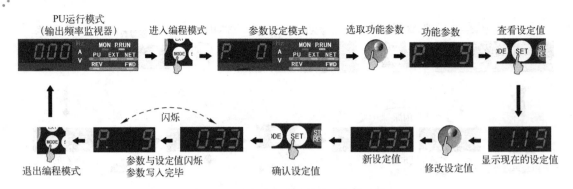

图 5.10 过电流保护功能变更操作流程

第二步：选择功能参数。

操作过程：旋转 M 旋钮，选取功能参数 Pr. 9。

观察项目：观察显示器上显示的字符。

现场状况：显示器上显示的字符为"P. 9"。

第三步：查看设定值。

操作过程：点动按压【SET】键，查看设定值。

观察项目：观察显示器上显示的字符。

现场状况：显示器上显示的字符为"1.19"。

第四步：修改设定值。

操作过程：左旋 M 旋钮，将设定值修改为 0.33。

观察项目：观察显示器上显示的字符。

现场状况：显示器上显示的字符为"0.33"。

第五步：确认设定值。

操作过程：点动按压【SET】键。

观察项目：观察显示器上显示的字符。

现场状况：显示器上显示的字符在"P. 7"和"0.33"之间转换闪烁。

第六步：退出编程模式。

操作过程：点动按压【MODE】键。

观察项目：观察显示器上显示的字符。

现场状况：显示器上显示的字符为"0.00"。

（5）启动频率变更操作

假设变频器处于待机状态，当前工作模式为 PU 控制、频率监视。利用操作面板将变频器启动频率（P.13）的设定值由 0.5Hz 变更为 5Hz，其操作流程如图 5.11 所示。

第一步：进入编程模式。

操作过程：点动按压【MODE】键，进入编程模式。

观察项目：观察显示器上显示的字符。

现场状况：显示器上显示的字符为"P. ××"。

第二步：选择功能参数。

操作过程：旋转 M 旋钮，选取功能参数 Pr. 13。

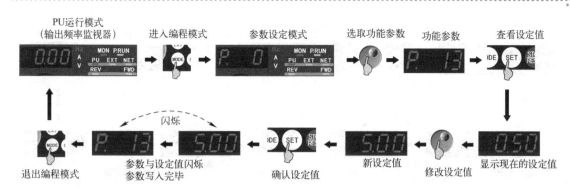

图 5.11　启动频率变更操作流程

观察项目：观察显示器上显示的字符。

现场状况：显示器上显示的字符为"P.13"。

第三步：查看设定值。

操作过程：点动按压【SET】键，查看设定值。

观察项目：观察显示器上显示的字符。

现场状况：显示器上显示的字符为"0.50"。

第四步：修改设定值。

操作过程：右旋 M 旋钮，将设定值修改为 5.00。

观察项目：观察显示器上显示的字符。

现场状况：显示器上显示的字符为"5.00"。

第五步：确认设定值。

操作过程：点动按压【SET】键。

观察项目：观察显示器上显示的字符。

现场状况：显示器上显示的字符在"P.13"和"5.00"之间转换闪烁。

第六步：退出编程模式。

操作过程：点动按压【MODE】键。

观察项目：观察显示器上显示的字符。

现场状况：显示器上显示的字符为"0.00"。

（6）点动频率变更操作

假设变频器处于待机状态，当前工作模式为 PU 控制、频率监视。利用操作面板将变频器点动频率（P.15）的设定值由 5Hz 变更为 10Hz，其操作流程如图 5.12 所示。

第一步：进入编程模式。

操作过程：点动按压【MODE】键，进入编程模式。

观察项目：观察显示器上显示的字符。

现场状况：显示器上显示的字符为"P.××"。

第二步：选择功能参数。

操作过程：旋转 M 旋钮，选取功能参数 Pr.15。

观察项目：观察显示器上显示的字符。

现场状况：显示器上显示的字符为"P.15"。

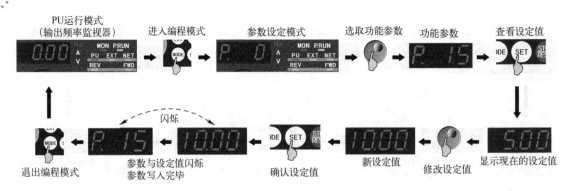

图 5.12 点动频率变更操作流程

第三步：查看设定值。

操作过程：点动按压【SET】键，查看设定值。

观察项目：观察显示器上显示的字符。

现场状况：显示器上显示的字符为"5.00"。

第四步：修改设定值。

操作过程：右旋 M 旋钮，将设定值修改为 10。

观察项目：观察显示器上显示的字符。

现场状况：显示器上显示的字符为"10.00"。

第五步：确认设定值。

操作过程：点动按压【SET】键。

观察项目：观察显示器上显示的字符。

现场状况：显示器上显示的字符在"P.15"和"10.00"之间转换闪烁。

第六步：退出编程模式。

操作过程：点动按压【MODE】键。

观察项目：观察显示器上显示的字符。

现场状况：显示器上显示的字符为"0.00"。

(7) 载波频率变更操作

假设变频器处于待机状态，当前工作模式为 PU 控制、频率监视。利用操作面板将变频器载波频率（P.72）的设定值由 15 变更为 10，其操作流程如图 5.13 所示。

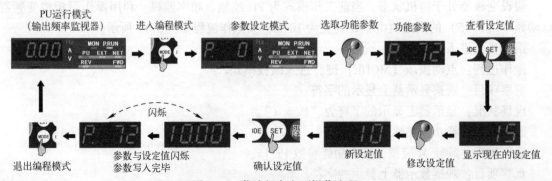

图 5.13 载波频率变更操作流程

第一步：进入编程模式。
操作过程：点动按压【MODE】键，进入编程模式。
观察项目：观察显示器上显示的字符。
现场状况：显示器上显示的字符为"P.××"。
第二步：选择功能参数。
操作过程：旋转M旋钮，选取功能参数Pr.72。
观察项目：观察显示器上显示的字符。
现场状况：显示器上显示的字符为"P.72"。
第三步：查看设定值。
操作过程：点动按压【SET】键，查看设定值。
观察项目：观察显示器上显示的字符。
现场状况：显示器上显示的字符为"15"。
第四步：修改设定值。
操作过程：左旋M旋钮，将设定值修改为10。
观察项目：观察显示器上显示的字符。
现场状况：显示器上显示的字符为"10"。
第五步：确认设定值。
操作过程：点动按压【SET】键。
观察项目：观察显示器上显示的字符。
现场状况：显示器上显示的字符在"P.72"和"10.00"之间转换闪烁。
第六步：退出编程模式。
操作过程：点动按压【MODE】键。
观察项目：观察显示器上显示的字符。
现场状况：显示器上显示的字符为"0.00"。

（8）参数写入选择变更操作

假设变频器处于待机状态，当前工作模式为PU控制、频率监视。利用操作面板将变频器参数写入选择（P.77）的设定值由0变更为1，其操作流程如图5.14所示。

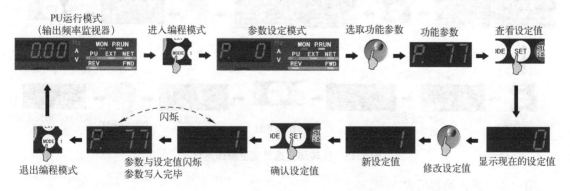

图5.14 参数写入选择变更操作流程

第一步：进入编程模式。
操作过程：点动按压【MODE】键，进入编程模式。

观察项目：观察显示器上显示的字符。

现场状况：显示器上显示的字符为"P. ××"。

第二步：选择功能参数。

操作过程：旋转M旋钮，选取功能参数Pr.77。

观察项目：观察显示器上显示的字符。

现场状况：显示器上显示的字符为"P.77"。

第三步：查看设定值。

操作过程：点动按压【SET】键，查看设定值。

观察项目：观察显示器上显示的字符。

现场状况：显示器上显示的字符为"0"。

第四步：修改设定值。

操作过程：右旋M旋钮，将设定值修改为1。

观察项目：观察显示器上显示的字符。

现场状况：显示器上显示的字符为"1"。

第五步：确认设定值。

操作过程：点动按压【SET】键。

观察项目：观察显示器上显示的字符。

现场状况：显示器上显示的字符在"P.77"和"1"之间转换闪烁。

第六步：退出编程模式。

操作过程：点动按压【MODE】键。

观察项目：观察显示器上显示的字符。

现场状况：显示器上显示的字符为"0.00"。

（9）反转防止选择变更操作

假设变频器处于待机状态，当前工作模式为PU控制、频率监视。利用操作面板将变频器反转防止选择（P.78）的设定值由0变更为1，其操作流程如图5.15所示。

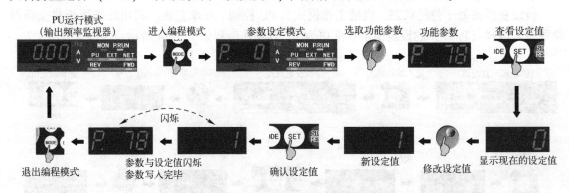

图5.15 反转防止选择变更操作流程

第一步：进入编程模式。

操作过程：点动按压【MODE】键，进入编程模式。

观察项目：观察显示器上显示的字符。

现场状况：显示器上显示的字符为"P.××"。

第二步：选择功能参数。

操作过程：旋转M旋钮，选取功能参数Pr.78。

观察项目：观察显示器上显示的字符。

现场状况：显示器上显示的字符为"P.78"。

第三步：查看设定值。

操作过程：点动按压【SET】键，查看设定值。

观察项目：观察显示器上显示的字符。

现场状况：显示器上显示的字符为"0"。

第四步：修改设定值。

操作过程：右旋M旋钮，将设定值修改为1。

观察项目：观察显示器上显示的字符。

现场状况：显示器上显示的字符为"1"。

第五步：确认设定值。

操作过程：点动按压【SET】键。

观察项目：观察显示器上显示的字符。

现场状况：显示器上显示的字符在"P.78"和"1"之间转换闪烁。

第六步：退出编程模式。

操作过程：点动按压【MODE】键。

观察项目：观察显示器上显示的字符。

现场状况：显示器上显示的字符为"0.00"。

(10) 运行模式选择变更操作

假设变频器处于待机状态，当前工作模式为PU控制、频率监视。利用操作面板将变频器运行模式选择（P.79）的设定值由0变更为1，其操作流程如图5.16所示。

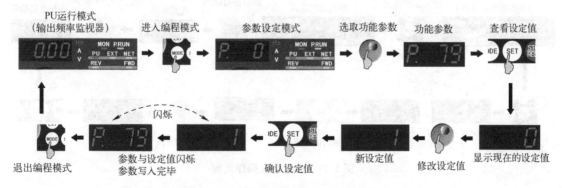

图5.16 运行模式选择变更操作流程

第一步：进入编程模式。

操作过程：点动按压【MODE】键，进入编程模式。

观察项目：观察显示器上显示的字符。

现场状况：显示器上显示的字符为"P.××"。

第二步：选择功能参数。

操作过程：旋转 M 旋钮，选取功能参数 Pr.79。

观察项目：观察显示器上显示的字符。

现场状况：显示器上显示的字符为"P.79"。

第三步：查看设定值。

操作过程：点动按压【SET】键，查看设定值。

观察项目：观察显示器上显示的字符。

现场状况：显示器上显示的字符为"0"。

第四步：修改设定值。

操作过程：右旋 M 旋钮，将设定值修改为 1。

观察项目：观察显示器上显示的字符。

现场状况：显示器上显示的字符为"1"。

第五步：确认设定值。

操作过程：点动按压【SET】键。

观察项目：观察显示器上显示的字符。

现场状况：显示器上显示的字符在"P.79"和"1"之间转换闪烁。

第六步：退出编程模式。

操作过程：点动按压【MODE】键。

观察项目：观察显示器上显示的字符。

现场状况：显示器上显示的字符为"0.00"。

（11）参数清除操作

假设变频器处于待机状态，当前工作模式为 PU 控制、频率监视。利用操作面板将变频器的功能参数初始化，其操作流程如图 5.17 所示。

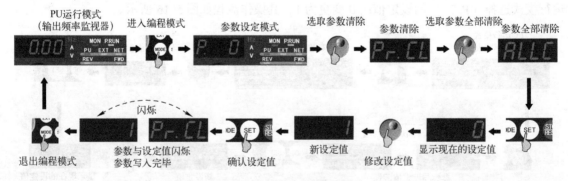

图 5.17　参数清除操作流程

第一步：进入编程模式。

操作过程：点动按压【MODE】键，进入编程模式。

观察项目：观察显示器上显示的字符。

现场状况：显示器上显示的字符为"P.××"。

第二步：选择参数全部清除。

操作过程：旋转 M 旋钮，选取功能参数 ALLC。

观察项目：观察显示器上显示的字符。

现场状况：显示器上显示的字符为"ALLC"。

第三步：查看设定值。

操作过程：点动按压【SET】键，查看设定值。

观察项目：观察显示器上显示的字符。

现场状况：显示器上显示的字符为"0"。

第四步：修改设定值。

操作过程：右旋M旋钮，将设定值修改为1。

观察项目：观察显示器上显示的字符。

现场状况：显示器上显示的字符为"1"。

第五步：确认设定值。

操作过程：点动按压【SET】键。

观察项目：观察显示器上显示的字符。

现场状况：显示器上显示的字符在"Pr. CL"和"1"之间转换闪烁。

第六步：退出编程模式。

操作过程：点动按压【MODE】键。

观察项目：观察显示器上显示的字符。

现场状况：显示器上显示的字符为"0.00"。

【提示】

当参数Pr.77设定为1时，即选择参数写入禁止，参数将不能被清除。

【工程素质培养】

1. 职业素质培养要求

当变频器上电时，不要打开前盖板，否则可能发生触电。在前盖板和配线盖板拆下时，不要运行变频器，否则可能会接触到高压端子和充电部分而造成触电事故。即使在电源处于断开状态时，除接线检查外，也不要拆下前盖板，否则可能由于接触变频器带电回路造成触电事故。在进行接线或检查时，须先断开电源，等待十分钟以后，务必在观察到充电指示灯熄灭或用万用表等检测剩余电压以后方可进行。不要用湿手操作开关、碰触底板或拔插电缆，否则可能会发生触电。

2. 专业素质培养问题

问题1：在变频器运行过程中，持续右旋旋钮M，试图增加变频器的输出频率，发现电动机的转速依然很低且维持不变。

解答：造成这种现象的原因是变频器的输出最高频率限制Pr.1的数据码偏低，应将Pr.1的数据码适当调高。

问题2：变频器进入Pr.7参数设定模式后，数据码的显示值为5.0。转动旋钮M，发现监视器显示的示数始终跟随旋钮M变化，但当再次查看数据码时，却发现数据码的显示值仍然是5.0。

解答：这是因为变频器在上一次运行过程中，使用了参数写保护功能，功能参数Pr.77已经设定为1，所以任何写入操作均无效。

问题3：变频器上电以后，当按压【FWD】键时，FWD指示灯只是闪烁，变频器不能驱动电动机正转运行；当按压【REV】键时，REV指示灯常亮，变频器能驱动电动机反转运行。

解答：这是因为变频器在上一次运行过程中，使用了反转防止功能，功能参数Pr.78已经设定为2，所以键盘正转操作无效。

问题4：变频器上电以后，当按压【FWD】键时，FWD指示灯只是闪烁，变频器不能驱动电动机正转运行；当按压【REV】键时，REV指示灯也只是闪烁，变频器不能驱动电动机反转运行。

解答：这是因为变频器在上一次运行过程中，对功能参数Pr.13进行了设定，使变频器的启动频率高于实际运行频率，所以变频器不能正常启动。

3. 解答工程实际问题

问题情境1：各小组验证变频器功能码Pr.72。要求每个小组将自己的组别号作为Pr.72的设定数值。从第一小组开始，全班同学逐台聆听每组电动机发出的运转声音。

趣味问题：Pr.72选取不同的值，电动机运转的声音就不同，这些声音如同悦耳的机器音乐，那么Pr.72这个功能在实际工程上有什么用处呢？

趣味答案：

① 实际生产现场可能有多台变频器驱动多台电动机同时工作，电工师傅在进行设备巡检时，不需要进行烦琐的检查，只需直观地聆听电动机发出的声音，就可以初步判定电动机的工作状态是否正常。这种方法既能提高工作效率，又方便简单。

② 没有变频器驱动的电动机运转噪声往往很大，特别是低频噪声既会严重伤害身体，又会造成现场工人师傅精神疲劳。能够聆听悦耳的机器音乐，可以极大地改善生产现场的噪声环境。

问题情境2：当变频器上电后，通过操作【SET】键，可以使变频器PU屏上显示的监视内容在频率、电流和电压之间转换。

实际问题：在变频器运行过程中，变频器输出的实时转速也是经常需要关注的一项重要参数，那么能不能在PU屏上显示变频器的输出实时转速，使变频器PU屏上显示的监视内容在频率、电流和转速之间转换呢？

工程答案：当然可以，只要将Pr.52的设定值由0改为6即可。

任务6 外部端子控制变频器运行操作训练

【任务要求】

以外部端子控制变频器运行操作为训练任务，通过对变频器外部端子功能的学习，使学生熟悉外部端子的使用，掌握外部端子控制变频器运行的操作方法。

1. 知识目标

（1）掌握变频器主要外部端子的名称及作用。
（2）掌握 DI/DO 功能定义。
（3）熟悉变频器的运行参数。
（4）熟悉外部端子控制变频器的操作方法。
（5）熟悉 PLC 开关量控制变频器的操作方法。

2. 技能目标

（1）能正确设置变频器的运行模式。
（2）能通过外部端子或 PLC 对变频器进行启/停、正反转等控制操作。
（3）能通过外部端子或 PLC 对变频器进行多段速运行控制操作。
（4）能通过外部端子对变频器进行远程控制操作。

【知识储备】

在工业现场，为了能够实现远距离操作，要求变频器不仅能够提供面板控制方式，而且还能提供外部端子控制方式。通过改变相关控制端子的通/断状态，来实现变频器的远程控制操作。因此，熟悉端子控制变频器运行的操作，具备电路的接线、调试及简单故障排除的能力是电气技术人员的基本素质要求。

1. 变频器的主要外部端子

（1）外部端子的功能

外部端子是变频器控制端子中最为常用的一类端子，这些端子主要包括 STF、STR、STOP、RH、RM、RL、JOG、MRS、RES、AU、CS、SD、10、2、4、5、A1、B1、C1、A2、B2、C2。使用这些端子可以对变频器进行启动、点动、正反转、调速控制及运行保护。在任务2中，我们已经认识了变频器外部端子的结构和排列，因此在本任务中，将重点学习外部端子的功能及使用。主要外部端子的功能说明如表 6.1 所示。

表 6.1 主要外部端子的功能说明

端子记号	端子名称	端子功能说明	
STF	正转启动	当 STF 信号处于 ON 时，变频器输出正转； 当 STF 信号处于 OFF 时，变频器停止输出	当 STF、STR 信号同时为 ON 时，变成停止指令
STR	反转启动	当 STR 信号处于 ON 时，变频器输出正转； 当 STR 信号处于 OFF 时，变频器停止输出	

续表

端子记号	端子名称	端子功能说明
STOP	启动自保持选择	当使STOP信号处于ON时,可以选择启动信号自保持
RH、RM、RL	多段速度选择	用RH、RM、RL信号的组合可以选择多段速度
JOG	点动模式选择	当JOG信号处于ON时,选择点动运行,用启动信号(STF和STR)可以点动运行
MRS	输出停止	当MRS信号处于ON(20ms以上)时,变频器输出停止
RES	复位	复位用于解除保护回路动作的保持状态。使端子RES信号处于ON在0.1ms以上,然后断开
AU	端子4输入选择	只有把AU信号置为ON时,端子4才能使用
CS	瞬停再启动选择	CS信号预先处于ON,瞬时停电再恢复时变频器便可自动启动
SD	接点输入公共端	STF、STR、STOP、RH、RM、RL、JOG、MRS、RES、AU、CS的公共端子
10	频率设定用电源	按出厂状态连接频率设定电位器时,与端子10连接
2	频率设定(电压)	当输入DC0~5V(或0~10V,0~20mA)时,输出频率与输入电压成正比;当输入5V或(10V、20mA)时,为最大输出频率
4	频率设定(电流)	当输入DC4~20 mA(或0~5V,0~10V)时,输出频率与输入电流成正比;当输入20mA时,为最大输出频率
5	频率设定公共端	端子2、端子1或4的公共端子
A1、B1、C1	继电器输出1	指示变频器因保护功能动作时输出停止的转换点; 故障时:B1—C1间不导通、A1—C1间导通; 正常时:B1—C1间导通、A1—C1间不导通
A2、B2、C2	继电器输出2	指示变频器因保护功能动作时输出停止的转换点; 故障时:B2—C2间不导通、A2—C2间导通; 正常时:B2—C2间导通、A2—C2间不导通

(2) 接线注意事项

① 连接外部端子的导线建议采用 $0.75mm^2$ 线径,如果使用 $1.25mm^2$ 以上线径的导线,在配线数量较多或配线方法不当时,会发生表面护盖松动、操作面板接触不良的情况。

② 连接线的长度不要超过30m。

③ 为防止接触不良,微小信号的输入触点应使用两个并联的触点或使用双生触点。

④ 连接外部端子的导线应使用屏蔽线或双绞线,而且必须与主电路分开接线。

⑤ 输入侧的外部端子(如STF、STR等)不要接触强电。

⑥ 故障输出外部端子(A1、B1、C1或A2、B2、C2)必须接继电器或指示灯。

2. DI/DO 功能定义

(1) DI 功能定义

变频器的控制信号为开关量输入,简称DI。出于简化电路、降低成本等方面的考虑,变频器的DI连接端一般较少,为了适应各种控制要求,这些DI连接端的信号功能可通过变频器的参数设定改变,故称为多功能DI。

FR-A740系列变频器上的DI连接端代号是出厂默认的功能代号,根据控制需要,12点DI的功能可以通过参数Pr.178~Pr.189定义,参数号与连接端的对应关系如表6.2所示。参数Pr.178~Pr.189的不同设定值和生效的DI功能如表6.3所示。

表 6.2　DI 连接端与功能定义参数对应表

参　　数	Pr. 178	Pr. 179	Pr. 180	Pr. 181	Pr. 182	Pr. 183
连接端	STF	STR	RL	RM	RH	RT
参　　数	Pr. 184	Pr. 185	Pr. 186	Pr. 187	Pr. 188	Pr. 189
连接端	AU	JOG	CS	MRS	STOP	RES

表 6.3　DI 功能定义

设定值	连接端	DI 信号的功能		
		Pr. 59 = 0	Pr. 59 = 1、2	Pr. 270 = 1、3
0	RL	多速运行速度选择信号 1	远程控制升速信号	挡块定位速度选择 1
1	RM	多速运行速度选择信号 2	远程控制减速信号	挡块定位速度选择 2
2	RH	多速运行速度选择信号 3	远程控制复位信号	挡块定位速度选择 3
3	RT	第 2 电机选择信号		挡块定位速度选择 4
4	AU	AI 连接端 4 输入有效信号		
5	JOG	点动运行选择		
6	CS	自动重启或工频/变频选择信号		
7	OH	热继电器输入		
8	REX	多速运行速度选择信号 4		
9	X9	第 3 电机选择信号		
10	X10	功率因数补偿器输入 1		
11	X11	功率因数补偿器输入 2		
12	X12	PU/外部操作模式切换控制信号，ON：允许切换；OFF：禁止切换		
13	X13	直流制动启动信号		
14	X14	PID 控制信号		
15	BRI	制动器松开完成信号		
16	X16	操作模式切换信号		
17	X17	转矩提升控制信号		
18	X18	矢量控制/V/f 控制切换信号		
19	X19	升降负载自动速度调整功能生效信号		
20	X20	闭环控制 S 型加减方式选择		
22	X22	闭环位置控制定位指令		
23	LX	闭环控制初始励磁		
24	MRS	输出关闭或工频切换控制		
25	STOP	停止信号		
26	MC	速度/转矩、速度/位置、位置/转矩控制方式切换信号		
27	TL	转矩限制控制信号		
28	X28	在线自动调整启动信号		
37	X37	三角波运行启动信号		

续表

设定值	连接端	DI 信号的功能		
		Pr. 59 = 0	Pr. 59 = 1、2	Pr. 270 = 1、3
42	X42	转矩偏置选择 1		
43	X43	转矩偏置选择 2		
44	X44	P/PI 调节器切换信号		
60	STF	正转信号,只能在参数 Pr. 178 上设定		
61	STR	反转信号,只能在参数 Pr. 179 上设定		
62	RES	变频器复位或工频切换参数初始化信号		
63	PTC	PTC 电阻连接,只能在参数 Pr. 184 上设定		
64	X64	PID 调节器极性切换信号		
65	X65	PU/NET 操作模式切换信号		
66	X66	外部/NET 操作模式切换信号		
67	X67	频率给定输入切换信号		
68	NP	闭环位置控制定位方向信号		
69	CLR	闭环位置控制误差清除信号		
70	X70	直流供电生效		
71	X71	直流供电解除		
9999	—	端子不使用		

【工程问题】

虽然 FR-A740 系列变频器的全部 DI 连接端功能均可定义,但部分功能只能分配到指定点,例如正反转信号 STF/STR、PTC 输入等。不同的 DI 连接端可分配相同的功能,此时,DI 信号为逻辑"或",即只要其中之一生效,DI 信号即有效。如果点动、多速运行、AI 输入等不同运行模式控制信号被同时指定,变频器的频率给定优先顺序依次为点动、多速运行、AI 输入。

(2) DO 功能定义

变频器的工作状态信号为开关量输出,简称 DO。与 DI 一样,变频器的 DO 连接端一般较少,信号功能可通过变频器的参数设定改变,故称为多功能 DO。

FR-A740 系列变频器上的 DO 连接端代号是出厂默认的功能代号,根据控制需要,7 点 DO 的功能可通过参数 Pr. 76 和参数 Pr. 190 ~ Pr. 196 来定义。

参数 Pr. 76 用来定义变频器的报警代码输出功能。当 Pr. 76 = 0 时,7 点 DO 信号的功能可通过参数 Pr. 190 ~ Pr. 196 自由定义。

当 Pr. 76 = 1 时,DO 连接端 SU、IPF、OL、FU 定义为报警代码输出信号,其余连接端功能可定义。变频器的报警代码输出如表 6.4 所示。

当 Pr. 76 = 2 时,DO 连接端 SU、IPF、OL、FU 的功能与变频器的工作状态有关,变频器正常运行时,输出参数 Pr. 190 ~ Pr. 196 定义的信号;变频器报警时,自动成为报警代码输出；其他信号的功能不变。变频器的报警代码输出如表 6.4 所示。

表 6.4 报警代码输出

变频器报警（PU 显示）	报警代码	DO 信号状态			
		SU	IPF	OL	FU
正常状态	0	0	0	0	0
加速时过电流（E.OC1）	1	0	0	0	1
正常运行时过电流（E.OC2）	2	0	0	1	0
减速时过电流（E.OC3）	3	0	0	1	1
直流母线过电压（E.OV1～OV3）	4	0	1	0	0
电机过载（E.THM）	5	0	1	0	1
变频器过载（E.THT）	6	0	1	1	0
瞬时断电保护（E.IPF）	7	0	1	1	1
输入电源电压过低（E.UVT）	8	1	0	0	0
散热器温度过高（E.FIN）	9	1	0	0	1
输出对地短路（E.GF）	A	1	0	1	0
外部热继电器动作（E.OHT）	B	1	0	1	1
失速防止功能动作（E.OLT）	C	1	1	0	0
功能选件模块安装错误（E.OPT）	D	1	1	0	1
功能选件模块连接错误（E.OP3）	E	1	1	1	0
其他报警	F	1	1	1	1

如设定参数 Pr.76=0，DO 连接端与功能定义参数的对应关系如表 6.5 所示。不同的输出连接端可定义相同的功能，得到相同的输出状态。

表 6.5 DO 连接端与功能定义参数对应表

参 数 号	Pr.190	Pr.191	Pr.192	Pr.193	Pr.194	Pr.195	Pr.195
输出端	RUN	SU	IPF	OL	FU	A1/B1/C1	A2/B2/C2

参数 Pr.190～Pr.196 的不同设定值和生效的 DO 功能如表 6.6 所示，不使用的连接端应设定为 9999。

表 6.6 DO 功能定义

设定值（功能代号）		端子名称	DO 信号的功能
正逻辑	负逻辑		
0	100	RUN	变频器运行
1	101	SU	变频器输出频率达到给定频率允差范围
2	102	IPF	电压过低或瞬时断电
3	103	OL	失速保护功能生效期间出现过电流报警
4	104	FU	参数 Pr.42/43 设定的频率达到

续表

设定值（功能代号）		端子名称	DO 信号的功能
正逻辑	负逻辑		
5	105	FU2	参数 Pr.50 设定的频率达到
6	106	FU3	参数 Pr.116 设定的频率达到
7	107	RBP	制动预警，制动率已到达 Pr.50 设定的 85%
8	108	THP	过电流预警，过电流已到达 Pr.9 设定的 85%
10	110	PU	PU 操作模式生效
11	111	RY	变频器准备好
12	112	Y12	电流达到，参数 Pr.150 设定的电流达到
13	113	Y13	电流为 0，实际电流小于参数 Pr.152 设定的电流
14	114	FDN	PID 调节时参数 Pr.132 设定的下限达到
15	115	FUP	PID 调节时参数 Pr.131 设定的上限达到
16	116	RL	PID 调节时的方向输出
17	—	MC1	工频/变频器切换时，变频器主电源接通信号
18	—	MC2	工频/变频器切换时，工频接通信号
19	—	MC3	工频/变频器切换时，变频器接通信号
20	120	BOF	制动器打开信号
25	125	FAN	风机故障输出
26	126	FIN	散热器过热输出
27	127	ORA	位置到达（闭环控制，需要 FR–A7AP 选件）
28	128	ORM	定位错误（闭环控制，需要 FR–A7AP 选件）
29	129	Y29	速度超过（闭环控制，需要 FR–A7AP 选件）
30	130	Y30	正转中输出（闭环控制，需要 FR–A7AP 选件）
31	131	Y31	反转中输出（闭环控制，需要 FR–A7AP 选件）
32	132	Y32	制动时的正转输出
33	133	RY2	FR–A5AP/A7AP 选件准备好
34	134	LS	低速输出（频率小于 Pr.865 设定值时输出为 1）
35	135	TU	转矩检测（转矩大于 Pr.864 设定值时输出为 1）
36	136	Y36	定位完成（剩余脉冲小于设定值时输出为 1）
39	139	Y39	在线自动调整完成
41	141	FB	电机转速达到设定值 1
42	142	FB2	电机转速达到设定值 2
43	143	FB3	电机转速达到设定值 3
44	144	RUN2	变频器运行中（旋转、定向、位置控制中）
45	145	RUN3	变频器运行中（启动指令为 ON 和运行中）
46	146	Y46	瞬时断电减速中
47	147	PID	PID 控制中

续表

设定值（功能代号）		端子名称	DO信号的功能
正逻辑	负逻辑		
64	164	Y64	变频器重试中
70	170	SLEEP	PID 中断信号
84	184	RDY	位置控制系统准备好
85	185	Y85	直流供电生效信号
90	190	Y90	主要器件达到使用寿命的报警信号
91	191	Y91	变频器连接错误或电路故障信号
92	192	Y92	平均节约功率数据更新信号
93	193	Y93	电流平均值监视信号
94	194	ALM2	变频器报警输出
95	195	Y95	定期维护输出
96	196	REM	远程控制生效
97	197	ER	变频器出错
98	198	LF	冷却风机不良
99	199	ALM1	报警输出
9999	—	—	端子不使用

3. 部分功能参数介绍

（1）多段速度设定

由于工艺上的要求，很多生产机械需要在不同的阶段以不同的转速运行。为了方便这类负载，变频器提供了多段速度控制功能。可以预先通过参数设定多种运行速度，并通过外接端子进行速度切换。多段速接线图如图 6.1 所示。

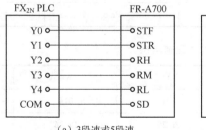
(a) 3段速或5段速

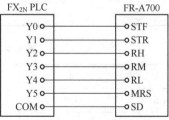
(b) 15段速

图 6.1 多段速接线图

多段速给定是利用变频器多功能端口的不同输入逻辑组态来给定频率。一般是 3 个或 4 个端口，3 个端口可以组成 8 种不同的给定频率，4 个端口可以组成 16 种不同的给定频率。但全部断开时是 0Hz，不包括在内，所以通常是给出 7 段或 15 段给定频率。这种给定频率是固定的频率，不是连续变化的。

① 参数的设置。多段速度分别用参数 Pr.4～Pr.6、Pr.24～Pr.27、Pr.232～Pr.239 设置，如表 6.7 所示。

表 6.7 多段速度功能参数

参　　数	段　号	单　　位	设 定 范 围	初　始　值	组　态　说　明
Pr. 4	1	0.01Hz	0～400Hz	50Hz	RL = 0、RM = 0、RH = 1 时有效
Pr. 5	2	0.01Hz	0～400Hz	30Hz	RL = 0、RM = 1、RH = 0 时有效
Pr. 6	3	0.01Hz	0～400Hz	10Hz	RL = 1、RM = 0、RH = 0 时有效
Pr. 24	4	0.01Hz	0～400Hz	9999	RL = 1、RM = 1、RH = 0 时有效
Pr. 25	5	0.01Hz	0～400Hz	9999	RL = 1、RM = 0、RH = 1 时有效
Pr. 26	6	0.01Hz	0～400Hz	9999	RL = 0、RM = 1、RH = 1 时有效
Pr. 27	7	0.01Hz	0～400Hz	9999	RL = 1、RM = 1、RH = 1 时有效
Pr. 232	8	0.01Hz	0～400Hz	9999	MRS = 1、RL = 1、RM = 0、RH = 0 时有效
Pr. 233	9	0.01Hz	0～400Hz	9999	MRS = 1、RL = 1、RM = 1、RH = 0 时有效
Pr. 234	10	0.01Hz	0～400Hz	9999	MRS = 1、RL = 0、RM = 1、RH = 0 时有效
Pr. 235	11	0.01Hz	0～400Hz	9999	MRS = 1、RL = 1、RM = 1、RH = 0 时有效
Pr. 236	12	0.01Hz	0～400Hz	9999	MRS = 1、RL = 0、RM = 0、RH = 1 时有效
Pr. 237	13	0.01Hz	0～400Hz	9999	MRS = 1、RL = 1、RM = 0、RH = 1 时有效
Pr. 238	14	0.01Hz	0～400Hz	9999	MRS = 1、RL = 0、RM = 1、RH = 1 时有效
Pr. 239	15	0.01Hz	0～400Hz	9999	MRS = 1、RL = 1、RM = 1、RH = 1 时有效

三菱 FR - A740 系列变频器多段速功能的频率参数设置比较特殊，分为 3 段速、7 段速和 15 段速三种情况。各段速组态如表 6.8～表 6.10 所示。

表 6.8　3 段速组态

段　号	1	2	3
RL、RM、RH 组态	001	010	100
频率参数	Pr. 4	Pr. 5	Pr. 6

表 6.9　7 段速组态

段　号	4	5	6	7
RL、RM、RH 组态	110	101	011	111
频率参数	Pr. 24	Pr. 25	Pr. 26	Pr. 27

表 6.10　15 段速组态

段　号	8	9	10	11	12	13	14	15
MRS、RL、RM、RH 组态	1000	1100	1010	1110	1001	1101	1011	1111
频率参数	Pr. 232	Pr. 233	Pr. 234	Pr. 235	Pr. 236	Pr. 237	Pr. 238	Pr. 239

② 应用说明。

- 各段的输入端逻辑关系是 1 表示接通，0 表示断开。例如，1 段的 001 表示 RL 断、RM

断、RH 接通。其余类推。
- 3 段速运行时规定 RH 是高速、RM 是中速、RL 是低速。如果同时有两个及两个以上端子接通，则低速优先。7 段速和 15 段速不存在上述问题，每段都单独设置。
- 频率参数设置范围都为 0 ～ 400Hz，但如果是 3 段速，则其他段速参数均要设置为 9999；如果是 7 段速，则 8 ～ 15 段速参数要设置为 9999。
- 所有段的加/减速时间均由 Pr.7 和 Pr.8 设定。
- 实际使用中，不一定非要是 3 段、7 段、15 段，也可以是 5 段、6 段、8 段等，这时只要将其他速参数设置为 9999 即可。但必须注意，段的端子逻辑组合和对应频率设置不要弄错。

(2) 运行模式

在任务 5 中，已经简单介绍了运行模式参数 Pr.79，这是一个非常重要的参数，下面结合变频器的运行控制对其设置进行详细介绍。

当 Pr.79 = 0 时，允许变频器运行模式在 PU 和外部控制之间切换。该模式适于在频繁变更参数的场合使用。

当 Pr.79 = 1 时，用 M 旋钮控制变频器的运行频率，变频器不接受外部频率设定信号，操作面板控制有效。该模式只适用于需要面板变更参数和控制的场合。

当 Pr.79 = 2 时，用外部设备控制电动机的运行频率，不接受用 M 旋钮控制变频器的运行频率，操作面板控制无效，接线方式如图 6.2 所示。该模式只适用于需要外部端子变更参数和控制的场合。在进行外部控制操作时，除了确保主电路端子已接好电源和电动机外，还要给控制电路外接开关、电位器等部件，如图 6.3 所示。

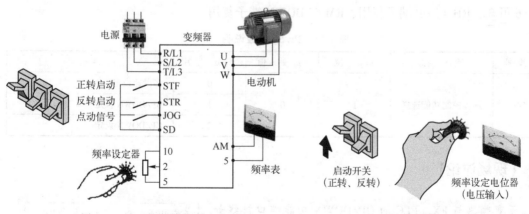

图 6.2　端子控制接线方式　　　　　图 6.3　外部输入设备

当 Pr.79 = 3 时，用 M 旋钮调节频率，用外部信号控制电动机启/停，这种运行模式称为组合模式 1，如图 6.4 所示。组合模式 1 不接受外部频率设定信号，面板控制启/停操作无效，该模式适用于近距离频率调节且远距离操控启/停的场合。

当 Pr.79 = 4 时，用外部设备控制变频器的输出频率，用操作面板控制电动机的启/停，这种运行模式称为组合模式 2，如图 6.5 所示。组合模式 2 接受外部频率设定信号，面板控制启/停操作有效，该模式适用于近距离操控启/停且远距离频率调节的场合。

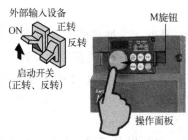

图 6.4　组合模式 1　　　　　　　　图 6.5　组合模式 2

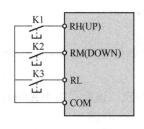

图 6.6　UP/DOWN 功能端口设定

（3）远程运行控制

远程运行控制是指利用变频器输入端子的通/断来实现变频器输出频率的上升或下降，这种控制也称 UP/DOWN 功能，该功能主要用于远距离和多地控制，如天车、深水泵、生产线的操作台等。如图 6.6 所示，当 K1 接通时，频率在设定频率的基础上按 0.01 Hz 速率上升（加速）；当 K2 接通时，频率在设定频率的基础上按 0.01 Hz 速率下降（减速）；当 K3 接通时，当前频率输出值归零（清除）。

与多段速控制方法相比，远程运行控制的优点相当明显，UP/DOWN 端子频率给定属于数字量给定，频率调节精度高，抗干扰能力强，特别适用于远距离操作或异地操作；可以直接用按钮来进行操作，调节方式简便且不易损坏。

① 参数的设置。在三菱 FR - A700 系列变频器中，远程运行的给定是通过复用端口输入的，而复用端口的功能选择则通过功能参数 Pr.59 来设定，Pr.59 的参数说明如表 6.11 所示。从图 6.6 可知，RH 与 UP 端子复用、RM 与 DOWN 端子复用。

表 6.11　Pr.59 参数说明

参数编号	名　　称	单　位	初　始　值	设定范围	内容描述
Pr.59	远程控制功能选择	1	0	0	多段速设定
				1	UP/DOWN 设定
				2	UP/DOWN 设定

【现场讨论】

三菱变频器与 FX$_{3G}$ PLC 的 UP/DOWN 功能端口接线如图 6.7 所示，这个图和多段速接线完全一致，那么怎样区分它们的控制作用呢？

三菱 FR - A700 系列变频器是通过 Pr.59 的设置来实现不同控制功能的。当 Pr.59 = 0 时，RH、RM、RL 被设定为多段速控制功能端口。当 Pr.59 = 1、2 时，RH、RM、RL 被设定为 UP/DOWN 控制功能端口。当 Pr.59 = 1 时，通过调节得到的频率还具有存储功能，它可以作为下一次变频器启动的初始给定频率值。

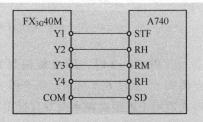

图 6.7　PLC 远程控制端口接线

② 控制过程。变频器的远程控制运行如图 6.8 所示。

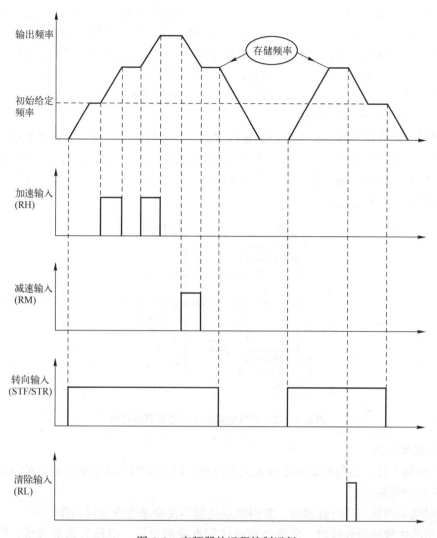

图 6.8 变频器的远程控制运行

升速过程：当 STF 端子接通后，如果接通 RH 端子，则变频器的输出频率就会在原设定频率的基础上开始增加，电动机加速运行。当断开 RH 端子，则变频器的输出频率将不再继续增加，保持当前频率值运行，电动机稳速运行。如果断开 STF 端子，则变频器没有频率输出，电动机停止运行。

降速过程：当 STF 端子接通后，如果接通 RM 端子，则变频器的输出频率就会在原设定频率基础上开始减小，电动机减速运行。当断开 RM 端子，则变频器的输出频率将不再继续减小，保持当前频率值运行，电动机稳速运行。

停止过程：如果断开 STF 或 STR 端子，则变频器停止频率输出，电动机停止运行。如果再次闭合 STF 或 STR 端子，则变频器按照端子断开前的设定频率输出，电动机继续运行。

设定值清除过程：断开 RH 和 RM 端子，接通 RL 端子，则变频器的设定频率值被清除归零，变频器停止频率输出，电动机停止运行。

4. PLC 开关量控制变频器运行

在电气传动控制系统中,变频器和 PLC 的组合应用最为常见,并由此产生了多种 PLC 控制变频器的方法。PLC 开关量控制变频器是指 PLC 通过其输出点直接与变频器的开关量信号输入端子相连,变频器接收来自 PLC 的开关型指令输入信号,通过程序控制变频器的运行(启动、正反转、停止、多段速等),也可以连续控制变频器的运行速度。这种控制方式的优点是软硬件要求简单,抗干扰能力强,但无法实现精细的速度调节。

(1) 开关型指令输入信号及连接

开关型指令输入信号是指对变频器的运行状态,包括启停、正反转、点动等进行操作的输入信号。PLC 通常利用继电器触点或具有开关特性的元器件(如晶体管)向变频器输出这些信号,PLC 的开关量输出端一般可以与变频器的开关量输入端直接相连,使变频器获取运行状态指令,如图 6.9 所示。

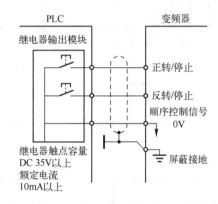

图 6.9 PLC 的继电器触点与变频器的连接

(2) 可靠性分析

在开关型指令输入信号控制的变频调速系统中,以下原因可能引起变频器的误动作,影响变频调速系统的可靠性。

① 使用继电器触点进行连接时,常因触点接触不良带来变频器误动作。

② 使用晶体管进行连接时,需要考虑晶体管本身的电压、电流容量等因素,保证系统的可靠性。

③ 输入信号电路连接不当也会造成变频器的误动作。

④ 当输入信号电路采用继电器等感性负载、继电器开闭时,产生的浪涌电流带来的噪声有可能引起变频器的误动作,应尽量避免。

【任务实施】

1. 实训器材

① 变频器,型号为 FR – A740 – 0.75K – CHT,每组 1 台。

② 三相异步电动机,型号为 A05024、功率 60W,每组 1 台。

③ 维修电工常用工具,每组 1 套。

④ 对称三相交流电源,线电压为 380V,每组 1 个。

⑤ 按钮,型号为施耐德 ZB2 – BE101C(带自锁),每组 3 个(绿色)。

2. 实训步骤

(1) 点动运行操作

假设变频器处于待机状态,当前工作模式为 EXT 控制、频率监视。利用端子控制变频器点动运行,其操作流程如图 6.10 所示,操作示意图如图 6.11 所示。

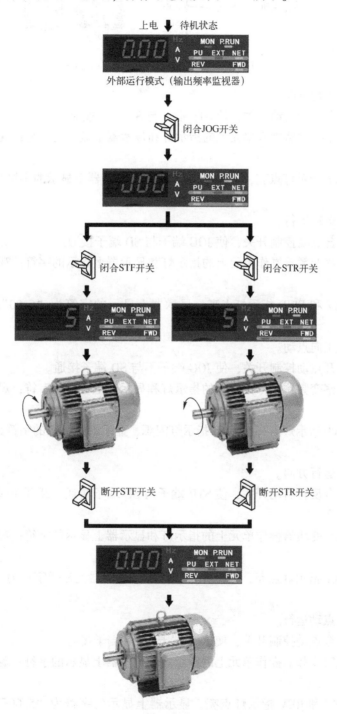

图 6.10 外部控制点动运行操作流程

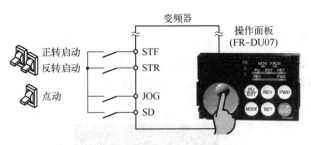

图 6.11　外部控制点动运行操作示意图

第一步：设定运行方向。

操作过程：闭合正转启动开关，使 STF 端子与 SD 端子接通。

观察项目：观察变频器操作单元上的指示灯和显示器上显示的字符；观察电动机的转向及转速。

现场状况：EXT 指示灯点亮，FWD 指示灯闪烁，显示器上显示的字符为"0.00"；电动机没有旋转。

第二步：正向点动运行。

操作过程：闭合点动控制开关，使 JOG 端子与 SD 端子接通。

观察项目：观察变频器操作单元上的指示灯和显示器上显示的字符；观察电动机的转向及转速。

现场状况：EXT 和 FWD 指示灯点亮，显示器上显示的字符为"5.00"；电动机正向低速旋转。

第三步：停止正向点动。

操作过程：断开点动控制开关，使 JOG 端子不与 SD 端子接通。

观察项目：观察变频器操作单元上的指示灯和显示器上显示的字符；观察电动机的转向及转速。

现场状况：EXT 指示灯点亮，FWD 指示灯闪烁，显示器上显示的字符为"0.00"；电动机停止旋转。

第四步：设定运行方向。

操作过程：闭合反转启动开关，使 STR 端子与 SD 端子接通；断开正转启动开关，使 STF 端子与 SD 端子分断。

观察项目：观察变频器操作单元上的指示灯和显示器上显示的字符；观察电动机的转向及转速。

现场状况：EXT 指示灯点亮，REV 指示灯闪烁，显示器上显示字符为"0.00"；电动机没有旋转。

第五步：反向点动运行。

操作过程：闭合点动控制开关，使 JOG 端子与 SD 端子接通。

观察项目：观察变频器操作单元上的指示灯和显示器上显示的字符；观察电动机的转向及转速。

现场状况：EXT 和 REV 指示灯点亮，显示器上显示的字符为"5.00"；电动机反向低速旋转。

第六步：停止反向点动。

操作过程：断开点动控制开关，使 JOG 端子不与 SD 端子接通。

观察项目：观察变频器操作单元上的指示灯和显示器上显示的字符；观察电动机的转向及转速。

现场状况：EXT 指示灯点亮，REV 指示灯闪烁，显示器上显示的字符为"0.00"；电动机停止旋转。

第七步：取消运行方向。

操作过程：断开反转启动开关，使 STR 端子与 SD 端子分断。

观察项目：观察变频器操作单元上的指示灯和显示器上显示的字符；观察电动机的转向及转速。

现场状况：EXT 指示灯点亮，REV 指示灯熄灭，显示器上显示的字符为"0.00"；电动机停止旋转。

(2) 3 段速运行

假设变频器处于待机状态，当前工作模式为 EXT 控制、频率监视。利用端子控制变频器 3 段速运行，其操作流程如图 6.12 所示，操作示意图如图 6.13 所示。

第一步：设定运行方向。

操作过程：闭合正转启动开关，使 STF 端子与 SD 端子接通。

观察项目：观察变频器操作单元上的指示灯和显示器上显示的字符；观察电动机的转向及转速。

现场状况：EXT 指示灯点亮，FWD 指示灯闪烁，显示器上显示的字符为"0.00"；电动机没有旋转。

第二步：正向高速运行。

操作过程：断开中速和低速控制开关，闭合高速控制开关，使 RH 端子与 SD 端子接通。

观察项目：观察变频器操作单元上的指

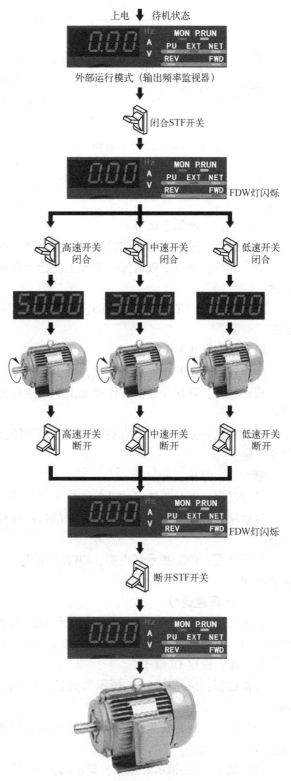

图 6.12 3 段速设定运行操作流程

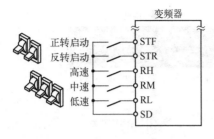

图 6.13 3 段速控制运行操作示意图

示灯和显示器上显示的字符；观察电动机的转向及转速。

现场状况：EXT 和 FWD 指示灯点亮，显示器上显示的字符为"50.00"；电动机正向高速旋转。

第三步：正向中速运行。

操作过程：断开高速和低速控制开关，闭合中速控制开关，使 RM 端子与 SD 端子接通。

观察项目：观察变频器操作单元上的指示灯和显示器上显示的字符；观察电动机的转向及转速。

现场状况：EXT 和 FWD 指示灯点亮，显示器上显示的字符为"30.00"；电动机正向中速旋转。

第四步：正向低速运行。

操作过程：断开高速和中速控制开关，闭合低速控制开关，使 RL 端子与 SD 端子接通。

观察项目：观察变频器操作单元上的指示灯和显示器上显示的字符；观察电动机的转向及转速。

现场状况：EXT 和 FWD 指示灯点亮，显示器上显示的字符为"10.00"；电动机正向低速旋转。

第五步：停止频率输出。

操作过程：断开速度控制开关，使 RL、RM、RH 端子不再与 SD 端子接通。

观察项目：观察变频器操作单元上的指示灯和显示器上显示的字符；观察电动机的转向及转速。

现场状况：EXT 指示灯点亮，FWD 指示灯闪烁；显示器上显示的字符为"0.00"；电动机停止旋转。

第六步：停止运行。

操作过程：断开正转启动开关，使 STF 端子不再与 SD 端子接通。

观察项目：观察变频器操作单元上的指示灯和显示器上显示的字符；观察电动机的转向及转速。

现场状况：EXT 指示灯点亮，FWD 指示灯熄灭，显示器上显示的字符为"0.00"；电动机停止旋转。

(3) 15 段速运行

假设变频器处于待机状态，当前工作模式为 PU 控制、频率监视。利用端子控制变频器 15 段速运行，其操作流程与 3 段速控制相似，操作示意图如图 6.13 所示。

第一步：设定 DI 端子。

操作过程：采用图 5.16 所示的方法，将 Pr.179 = 8，设定 STR 为 15 段速运行选择信号端子。

观察项目：观察变频器操作单元上的指示灯和显示器上显示的字符；观察电动机的转向及转速。

现场状况：PU 指示灯点亮，显示器上显示的字符为"0.00"；电动机没有旋转。

第二步：设定多段频率。

操作过程：采用图 5.16 所示的方法，对照表 6.7 进行参数设置。

观察项目：观察变频器操作单元上的指示灯和显示器上显示的字符；观察电动机的转向及转速。

现场状况：PU 指示灯点亮，显示器上显示的字符为"0.00"；电动机没有旋转。

第三步：选择 EXT 控制。

操作过程：点动按压【PU】键一次。

观察项目：观察运行模式指示灯和显示器上显示的字符。

现场状况：EXT 指示灯点亮；显示器上显示的字符为"0.00"。

第四步：设定运行方向。

操作过程：闭合正转启动开关，使 STF 端子与 SD 端子接通。

观察项目：观察变频器操作单元上的指示灯和显示器上显示的字符；观察电动机的转向及转速。

现场状况：EXT 指示灯点亮，FWD 指示灯闪烁，屏上显示的字符为"0.00"；电动机没有旋转。

第五步：15 段速运行。

操作过程：15 段速运行组态如表 6.12 所示，按组态顺序要求控制 STR、RM、RH、RL 端子与 SD 端子的接通状态。

观察项目：观察变频器操作单元上的指示灯和显示器上显示的字符；观察电动机的转向及转速。

现场状况：EXT 和 FWD 指示灯点亮；电动机正向变速旋转。

表 6.12　15 段速运行组态（STR、RL、RM、RH 组态）

段　速	1	2	3	4	5	6	7	8
组　态	0001	1010	1100	0110	0101	0011	0111	1000
参　数	Pr. 4	Pr. 5	Pr. 6	Pr. 24	Pr. 25	Pr. 26	Pr. 27	Pr. 232
设定值	31	32	33	34	35	36	37	38
显示值								
段　速	9	10	11	12	13	14	15	
组　态	1100	1010	1110	1001	1101	1011	1111	
参　数	Pr. 233	Pr. 234	Pr. 235	Pr. 236	Pr. 237	Pr. 238	Pr. 239	
设定值	39	40	41	42	43	44	45	
显示值								

第六步：停止频率输出。

操作过程：断开速度控制开关，使 STR、RL、RM、RH 端子不再与 SD 端子接通。

观察项目：观察变频器操作单元上的指示灯和显示器上显示的字符；观察电动机的转向及转速。

现场状况：EXT 指示灯点亮，FWD 指示灯闪烁，显示器上显示的字符为"0.00"；电动机停止旋转。

第七步：停止运行。

操作过程：断开正转启动开关，使 STF 端子不再与 SD 端子接通。

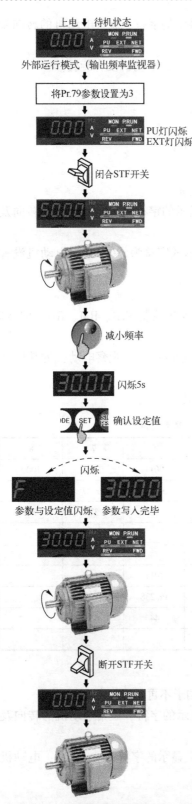

图 6.14 组合模式 1 运行操作流程

观察项目：观察变频器操作单元上的指示灯和显示器上显示的字符；观察电动机的转向及转速。

现场状况：EXT 指示灯点亮，FWD 指示灯熄灭；显示器上显示的字符为"0.00"；电动机停止旋转。

(4) 组合模式 1 运行

假设变频器处于待机状态，当前模式为 EXT 控制、频率监视。利用端子控制变频器的启停，利用 M 旋钮调节变频器的运行频率，其操作流程如图 6.14 所示，操作示意图如图 6.15 所示。

第一步：设定运行模式。

操作过程：采用图 5.16 所示的方法，设置 Pr.79 = 3。

观察项目：观察变频器操作单元上的指示灯和显示器上显示的字符；观察电动机的转向及转速。

现场状况：PU 和 EXT 指示灯点亮，显示器上显示的字符为"0.00"；电动机没有旋转。

第二步：设定运行方向。

操作过程：闭合正转启动开关，使 STF 端子与 SD 端子接通。

观察项目：观察变频器操作单元上的指示灯和显示器上显示的字符；观察电动机的转向及转速。

现场状况：PU 和 EXT 指示灯点亮，FWD 指示灯闪烁，显示器上显示的字符为"0.00"；电动机没有旋转。

第三步：设定运行频率。

操作过程：右旋 M 旋钮，将显示器上显示的字符调整为"30.00"，然后再点动按压【SET】键。

观察项目：观察变频器操作单元上的指示灯和显示器上显示的字符；观察电动机的转向及转速。

现场状况：PU、EXT 和 FWD 指示灯点亮，显示器上显示的字符在"F"和 30.00 之间交替闪烁，在持续闪烁 2s 后，显示器上显示的字符为"30.00"；电动机正向中速（频率 30Hz）旋转。

第四步：调节运行频率。

操作过程：右旋 M 旋钮，将显示器上显示的字符调整为"50.00"，然后再点动按压【SET】键。

观察项目：观察变频器操作单元上的指示灯和显示器上显示的字符；观察电动机的转向及转速。

现场状况：变频器的 PU、EXT 和 FWD 指示灯点亮；

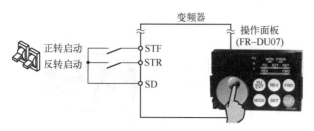

图 6.15 组合模式 1 运行操作示意图

显示器上显示的字符在"F"和"50.00"之间交替闪烁,在持续闪烁 2s 后,显示器上显示的字符为"50.00";电动机正向高速(频率 50Hz)旋转。

第五步:停止运行。

操作过程:断开正转启动开关,使 STF 端子不再与 SD 端子接通。

观察项目:观察变频器操作单元上的指示灯和显示器上显示的字符;观察电动机的转向及转速。

现场状况:PU 和 EXT 指示灯点亮,FWD 指示灯熄灭,显示器上显示的字符为"0.00";电动机停止旋转。

(5)组合模式 2 运行

假设变频器处于待机状态,当前模式为 EXT 控制、频率监视。利用操作面板控制变频器的启停,利用端子控制变频器的运行频率,其操作流程如图 6.16 所示,操作示意图如图 6.17 所示。

第一步:设定运行模式。

操作过程:采用图 5.16 所示的方法,设置 Pr.79 = 4。

观察项目:观察变频器操作单元上的指示灯和显示器上显示的字符;观察电动机的转向及转速。

现场状况:PU 和 EXT 指示灯点亮,显示器上显示的字符为"0.00";电动机没有旋转。

第二步:设定运行方向。

操作过程:点动按压【FWD】键。

观察项目:观察变频器操作单元上的指示灯和显示器上显示的字符;观察电动机的转向及转速。

现场状况:PU 和 EXT 指示灯点亮,FWD 指示灯闪烁,显示器上显示的字符为"0.00";电动机没有旋转。

第三步:调节运行频率。

操作过程:左右旋转 M 旋钮。

观察项目:观察变频器操作单元上的指示灯和显示器上显示的字符;观察电动机的转向及转速。

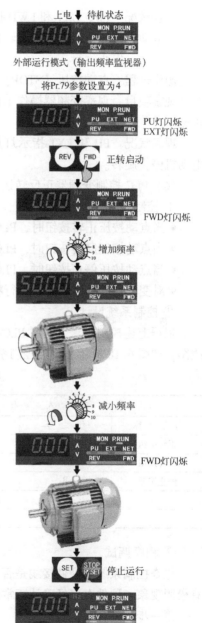

图 6.16 组合模式 2 运行操作流程

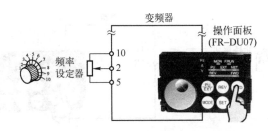

图 6.17　组合模式 2 运行操作示意图

现场状况：PU、EXT 和 FWD 指示灯点亮，显示器上显示的字符为当前值；当左旋转 M 旋钮时，电动机减速运行；当右旋转 M 旋钮时，电动机加速运行。

第四步：停止运行。

操作过程：点动按压【STOP】键。

观察项目：观察变频器操作单元上的指示灯和显示器上显示的字符；观察电动机的转向及转速。

现场状况：PU 和 EXT 指示灯点亮，FWD 指示灯熄灭，显示器上显示的字符为"0.00"；电动机停止旋转。

（6）PLC 控制变频器正反转运行

① 控制要求。

- 当点动按压正转按钮时，PLC 控制变频器以 50Hz 固定频率正转运行。
- 当点动按压反转按钮时，PLC 控制变频器以 50Hz 固定频率反转运行。
- 当点动按压停止按钮时，PLC 控制变频器停止运行。
- 对变频器的正转或反转运行状态可以直接切换，实现"正—反—停"控制。

② 控制系统设计。

根据上述控制要求，编制 PLC 的 I/O 地址分配表，如表 6.13 所示；设计控制系统硬件接线图，如图 6.18 所示；设计控制系统软件梯形图，如图 6.19 所示。

表 6.13　PLC 的 I/O 地址分配

输入			输出		
设备名称	代号	输入点编号	设备名称	代号	输出点编号
正转按钮	SB_0	X0	正转端子	STF	Y2
反转按钮	SB_1	X1	反转端子	STR	Y3
停止按钮	SB_2	X2	低速端子	RL	Y4
			中速端子	RM	Y5
			高速端子	RH	Y6

③ 程序调试。

检查控制系统的硬件接线是否与图 6.18 一致，检查接线端子的压接情况，观察接线是否有松脱现象。硬件电路经确认正常后，系统才可以上电调试运行。

第一步：系统上电。

操作过程：闭合空气断路器，使系统上电。

观察项目：观察 PLC 面板上的指示灯；观察变频器操作单元上的指示灯和显示器上显示

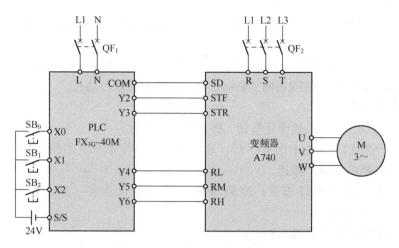

图 6.18　PLC 控制系统硬件接线图

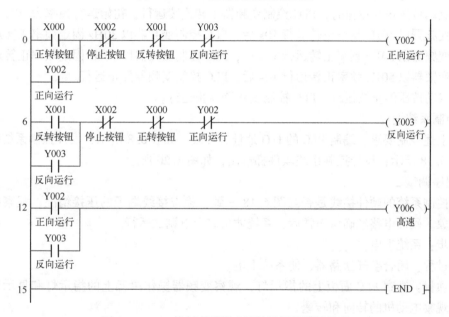

图 6.19　PLC 控制变频器正反转运行梯形图程序

的字符；观察电动机的转向和转速。

现场状况：PLC 的指示灯没亮；变频器的 EXT 指示灯点亮，显示器上显示的字符为"0.00"；电动机没有旋转。

第二步：启动正转运行。

操作过程：点动按压外设的正转按钮，启动变频器正转运行。

观察项目：观察 PLC 面板上的指示灯；观察变频器操作单元上的指示灯和显示器上显示的字符；观察电动机的转向和转速。

现场状况：PLC 的 Y2 和 Y6 指示灯点亮；变频器的 EXT 和 FWD 指示灯点亮，显示器上显示的字符为"50.00"；电动机正向旋转。

第三步：启动反转运行。

操作过程：点动按压外设的反转按钮，启动变频器反转运行。

观察项目：观察 PLC 面板上的指示灯；观察变频器操作单元上的指示灯和显示器上显示的字符；观察电动机的转向和转速。

现场状况：PLC 的 Y3 和 Y6 指示灯点亮；变频器的 EXT 和 REV 指示灯点亮，显示器上显示的字符为"50.00"；电动机按正向旋转→停止→反向旋转顺序运行。

第四步：停止运行。

操作过程：点动按压外设的停止按钮，停止变频器运行。

观察项目：观察 PLC 面板上的指示灯；观察变频器操作单元上的指示灯和显示器上显示的字符；观察电动机的转向和转速。

现场状况：PLC 的指示灯熄灭；变频器的 EXT 指示灯点亮，显示器上显示的字符为"0.00"；电动机停止旋转。

(7) PLC 控制变频器 3 段速运行

① 控制要求。

- 当点动按压正转按钮时，PLC 控制变频器正转连续运行，初始运行频率为 10Hz。
- 当变频器以 10Hz 频率正转运行 10s 后，PLC 控制变频器以 30Hz 固定频率正转运行。
- 当变频器以 30Hz 频率正转运行 10s 后，PLC 控制变频器以 50Hz 固定频率正转运行。
- 当变频器以 50Hz 频率正转运行 10s 后，PLC 控制变频器停止运行。
- 当点动按压停止按钮时，PLC 控制变频器停止运行。

② 控制系统设计。

根据上述控制要求，编制 PLC 的 I/O 地址分配表，如表 6.8 所示；设计控制系统硬件接线图，如图 6.18 所示；设计控制系统软件梯形图，如图 6.20 所示。

③ 程序调试。

检查控制系统的硬件接线是否与图 6.18 一致，检查接线端子的压接情况，观察接线是否有松脱现象。硬件电路经确认正常后，系统才可以上电调试运行。

第一步：系统上电。

操作过程：闭合空气断路器，使系统上电。

观察项目：观察 PLC 面板上的指示灯；观察变频器操作单元上的指示灯和显示器上显示的字符；观察电动机的转向和转速。

现场状况：PLC 的指示灯没亮；变频器的 EXT 指示灯点亮，显示器上显示的字符为"0.00"；电动机没有旋转。

第二步：启动正转运行。

操作过程：点动按压外设的正转按钮，启动变频器正转运行。

观察项目：观察 PLC 面板上的指示灯；观察变频器操作单元上的指示灯和显示器上显示的字符；观察电动机的转向和转速。

现场状况：从第 0s 至第 10s，PLC 的 Y2 和 Y4 指示灯点亮；变频器的 EXT 和 FWD 指示灯点亮，显示器上显示的字符为"10.00"；电动机正向旋转。从第 10s 至第 20s，PLC 的 Y2 和 Y5 指示灯点亮；变频器的 EXT 和 FWD 指示灯点亮，显示器上显示的字符为"30.00"；电动机正向旋转。从第 20s 至第 30s，PLC 的 Y2 和 Y6 指示灯点亮；变频器的 EXT 和 FWD 指示灯点亮，显示器上显示的字符为"50.00"；电动机正向旋转。

第三步：停止运行。

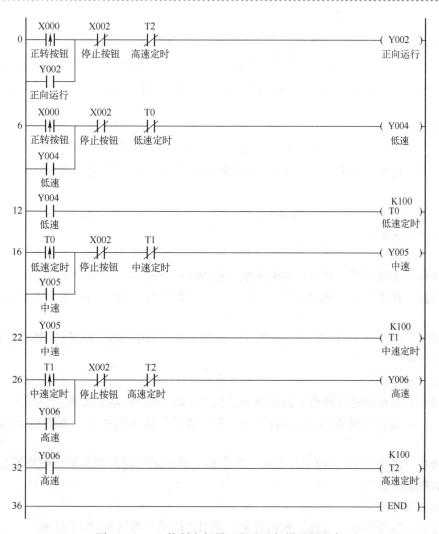

图 6.20　PLC 控制变频器 3 段速运行梯形图程序

操作过程：点动按压外设的停止按钮，停止变频器运行。

观察项目：观察 PLC 面板上的指示灯；观察变频器操作单元上的指示灯和显示器上显示的字符；观察电动机的转向和转速。

现场状况：PLC 的指示灯熄灭；变频器的 EXT 指示灯点亮，显示器上显示的字符为"0.00"；电动机停止旋转。

(8) 远程控制运行

假设变频器处于待机状态，当前模式为 EXT 控制、频率监视。利用复用端子控制变频器的输出频率，操作示意图如图 6.13 所示。

第一步：设定运行模式。

操作过程：采用图 5.16 所示的方法，设置 Pr.59 =1，Pr.79 =2。

观察项目：观察变频器操作单元上的指示灯和显示器上显示的字符；观察电动机的转向和转速。

现场状况：EXT 指示灯点亮，显示器上显示的字符为"0.00"；电动机没有旋转。

第二步：设定运行方向。

操作过程：闭合正转启动开关，使 STF 端子与 SD 端子接通。

观察项目：观察变频器面板上的指示灯和显示器上显示的字符；观察电动机的转向和转速。

现场状况：EXT 指示灯点亮，FWD 指示灯闪烁，显示器上显示的字符为"0.00"；电动机没有旋转。

第三步：加速运行。

操作过程：闭合高速（加速）控制开关，使 RH 端子与 SD 端子接通。

观察项目：观察变频器面板上的指示灯和显示器上显示的字符；观察电动机的转向和转速。

现场状况：EXT 和 FWD 指示灯点亮，显示器上显示的字符为当前值，频率输出值有增加趋势；电动机加速旋转。

第四步：恒速运行。

操作过程：断开高速（加速）控制开关，使 RH 端子不再与 SD 端子接通。

观察项目：观察变频器面板上的指示灯和显示器上显示的字符；观察电动机的转向和转速。

现场状况：EXT 和 FWD 指示灯点亮，显示器上显示的字符为当前值，频率输出值恒定；电动机恒速旋转。

第五步：减速运行。

操作过程：闭合中速（减速）控制开关，使 RM 端子与 SD 端子接通。

观察项目：观察变频器面板上的指示灯和显示器上显示的字符；观察电动机的转向和转速。

现场状况：EXT 和 FWD 指示灯点亮，显示器上显示的字符为当前值，频率输出值有减小趋势；电动机减速旋转。

第六步：恒速运行。

操作过程：断开中速（减速）控制开关，使 RM 端子不再与 SD 端子接通。

观察项目：观察变频器面板上的指示灯和显示器上显示的字符；观察电动机的转向和转速。

现场状况：EXT 和 FWD 指示灯点亮，显示器上显示的字符为当前值，频率输出值恒定；电动机恒速旋转。

第七步：停止运行。

操作过程：闭合低速（清除）控制开关，使 RL 端子与 SD 端子接通。

观察项目：观察变频器面板上的指示灯和显示器上显示的字符；观察电动机的转向和转速。

现场状况：EXT 指示灯点亮，FWD 指示灯闪烁，显示器上显示的字符为"0.00"；电动机停止旋转。

第八步：取消频率清除。

操作过程：断开低速（清除）控制开关，使 RL 端子不再与 SD 端子接通。

观察项目：观察变频器面板上的指示灯和显示器上显示的字符；观察电动机的转向和转速。

现场状况：EXT 指示灯点亮，FWD 指示灯闪烁，显示器上显示的字符为"0.00"；电动机停止旋转。

第九步：取消运行方向。

操作过程：断开正转启动开关，使 STF 端子不再与 SD 端子接通。

观察项目：观察变频器面板上的指示灯和显示器上显示的字符；观察电动机的转向和转速。

现场状况：EXT 指示灯点亮，FWD 指示灯熄灭，显示器上显示的字符为"0.00"；电动机停止旋转。

【工程素质培养】

1. 职业素质培养要求

① 由于变频器属于价值较高的电器，在任何场合，其接线端子一般不允许反复拆装，所以为防止损坏，变频器所有在用端子都必须通过端子排与外电路连接。

② 端子螺钉按规定转矩拧紧，过松或过紧都会导致短路或变频器错误动作，压接端子推荐使用带绝缘套管的端子。

③ 在通电状态下不允许进行改变接线或拔插连接件等操作。

④ 当变频器发生故障而无故障显示时，注意不能再轻易通电，以免引起更大的故障。

2. 专业素质培养问题

问题 1：当变频器进入 EXT 运行模式后，将 RL 端子与 SD 端子接通，给变频器设定一个输出频率，此时发现变频器并没有输出设定的频率，电动机也没有旋转。

解答：这是因为控制 STF 和 STR 端子的开关没有及时分断，误将 STF 和 STR 端子同时与 SD 端子接通，造成电动机的运行方向无具体指向，所以变频器没有频率输出，电动机不旋转。

问题 2：当变频器进入 EXT 运行模式后，将 STF 端子与 SD 端子接通，此时发现变频器 FWD 指示灯闪烁，电动机没有旋转。

解答：这是因为虽然 STF 端子与 SD 端子接通，电动机的运行方向有具体指向，但变频器并没有得到频率输出指令，所以变频器没有输出，电动机就不会旋转。

问题 3：当变频器进入组合运行模式后，发现有的变频器旋钮 M 不能设定变频器的运行频率，还有的变频器不能通过按键进行启停操作。

解答：这是因为变频器组合运行模式有两种，在选择组合运行模式时，如果不注意区分，很可能出现功能参数 Pr.79 设定混淆，所以出现了预想的功能操作与实际设定的功能操作不一致的现象。

问题 4：虽然 PLC 的 Y0、Y1 输出端同变频器的 STF、STR 端子已经进行了硬件连接，但变频器没有频率输出，电动机不旋转。

解答：这是因为 PLC 和变频器之间没有共同的电压参考点，控制信号在两者之间就没有形成电流通路，所以变频器没有频率输出，电动机不旋转。解决的办法就是把 Y0、Y1 的 COM 端与变频器的 SD 端用导线连接起来，使 PLC 和变频器有共同的电压参考点。

问题 5：在实训课题（6）中，不管是正转还是反转，PLC 只能控制变频器高速运行和中速运行，不能低速运行。

解答：PLC 的输出端子采用每 4 个连续的输出端口共同使用一个 COM 端子的形式。在实训课题（6）中，Y0、Y1、Y2、Y3 共同使用一个 COM1 端子，而 Y4 使用的是 COM2 端子，出现上述现象的原因是 COM1 端子没有和 COM2 端子短接，所以只有 COM1 端与变频器的 SD 端连接，而 COM2 端与变频器的 SD 端却没有连接，变频器当然不能反转运行。

问题 6：在实训课题（6）中，如果按下正转按钮 SB_1，变频器就输出设定的频率，电动机正向运行，此时如果再按下反转按钮 SB_2，变频器停止输出设定的频率，电动机停止运行。反之，如果按下反转按钮 SB_2，变频器就输出设定的频率，电动机反向运行，此时如果再按下正转按钮 SB_1，变频器停止输出设定的频率，电动机停止运行。

解答：出现上述现象的原因很可能是 PLC 的输出 Y0 与 Y1 之间没有互锁，观察 Y0、Y1 输出指示灯，发现两个指示灯同时都亮，说明变频器的 STF 端子和 STR 端子同时与 SD 端子接通，造成变频器运行方向的无指向，所以变频器停止输出设定的频率，电动机也停止运行。解决的办法是在 PLC 控制程序中对 Y0 和 Y1 加互锁措施，防止 Y0 和 Y1 同时有输出。

3. 解答工程实际问题

问题情境 1：变频器在运行过程中，电动机实际旋转方向与规定的方向相反。

趣味问题：电动机的接线往往是在调速系统主电路中进行的，不仅接线的工艺要求高，而且实际现场环境也可能不允许更换接线，那么在不更换电动机接线的情况下，如何更正电动机的旋转方向呢？

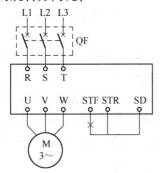

图 6.21 更换转向接线端子

工程答案：将正转接线端子（STF）与公共端子（SD）断开，再将反转接线端子（STR）与公共端子（SD）接通，如图 6.21 所示。或者正转接线端子（STF）连线不变，通过功能预置来改变旋转方向。

问题情境 2：在实训台上，PLC 和变频器的数量按 1:1 配置，即一个 PLC 专门控制一台对应的变频器。

趣味问题：在变频调速系统中，有时可能需要多台变频器分别驱动多台电动机，那么这些变频器是否可以用同一个 PLC 控制呢？

工程答案：PLC 作为变频器的上位机，只要它的 I/O 点数以及性能指标能满足控制系统要求，完全可以用一个 PLC 控制多台变频器，但在接线时必须注意，每个 PLC 控制单元的 COM 端一定要连接至对应变频器的 SD 端，不能不接，也不能错接。

任务 7　PLC 模拟量控制变频器运行操作训练

【任务要求】

以 PLC 模拟量控制变频器运行操作为训练任务，通过对模拟量模块的学习，使学生熟悉 PLC、特殊功能模块和变频器的组合应用，掌握高精度传动控制系统的操作方法。

1. 知识目标

（1）熟知模拟量和数字量，掌握 A/D 和 D/A 转换。
（2）掌握模拟量模块的 I/O 特性、标定和标定变换。
（3）了解缓冲存储器功能及分配，掌握常用 BFM 的设定。
（4）了解三菱模拟量模块，掌握 $FX_{2N}-5A$ 模块的应用。
（5）熟悉 PLC 模拟量控制变频器运行的方法。

2. 技能目标

（1）会编制通道字、采样字，能对数据缓冲存储器进行读取。
（2）会写入零点值和增益值，能完成标定变换操作。
（3）会编写 PLC 控制程序，能完成模拟量控制系统的安装和调试。

【知识储备】

通常情况下，变频器的速度调节可采用键盘调节或电位器调节两种方式。但是，在需要对速度作精细调节的场合，仅利用上述两种方式还不能满足生产工艺的控制要求，那么用什么方法可以解决这一问题呢？答案就是采用 PLC 控制，其中利用 PLC 模拟量模块的输出来对变频器实现速度控制就是一种既有效又简便的方法，其控制框图如图 7.1 所示。这种方法的优点是编程简单，调速过程平滑连续，工作稳定，实时性强；缺点是成本较高，其造价是采用 RS-485 通信控制方法的 5～7 倍。

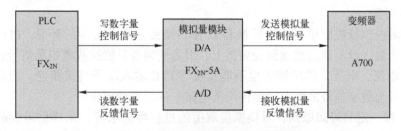

图 7.1　PLC 模拟量控制变频器框图

1. 模拟量控制基础知识

（1）模拟量和数字量

在模拟量控制系统中，所控制的物理量往往是随时间而连续变化的，如速度、温度、压力、流量等，在控制领域称这些物理量为模拟量。与模拟量相对的是数字量，因为它只有开和关两种状态，所以数字量又称开关量，其参数值不随时间作连续变化。模拟量和数字量示意图如图7.2所示。

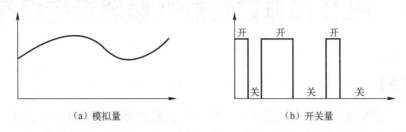

(a) 模拟量　　　　　　　　(b) 开关量

图7.2　模拟量和开关量示意图

模拟量和数字量是性质完全不同的两种物理量，它们之间原本没有任何关联，但通过对二进制数和十进制数的研究却把它们联系了起来。二进制数只有0和1两个数码，可以用开关量的开和关来表示。一个二进制数可以由多个0或1组成，也可以用一组开关的开或关来表示。在数字电子技术中，存储器的状态不是0就是1，相当于开关的开和关，因此，一个多位存储器组可以用于表示一个多位的二进制数。虽然模拟量是连续变化的，但在某个确定的时刻，其值是一定的。如果按照一定的时间能测量模拟量（十进制数）的大小，并想办法把这个模拟量转换成相应的二进制数后送到存储器中，便将这个由二进制数所表示的量称为数字量，这样模拟量和数字量就有了联系，如图7.3中的（a）和（b）所示。

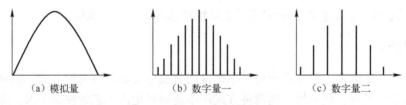

(a) 模拟量　　　　　(b) 数字量一　　　　　(c) 数字量二

图7.3　模拟量与数字量的关系

由图7.3可以看出，数字量的幅值变化与模拟量的变化大致相同。因此，用数字量的幅值来处理模拟量，可以得到与模拟量直接被处理时的相同效果。但是模拟量在时间上和取值上都是连续的；而数字量在时间上和取值上都是断续的，数字量仅是在某些时间点上等于模拟量的值。

(2) A/D转换

在变频器的模拟量控制中，A/D转换和D/A转换都是必不可少的环节。PLC的输出信号是数字量，这个数字量不能直接接到变频器上，因为变频器只能接收模拟量信号；同样，变频器的模拟量（电流、电压）输出端子也不能直接与PLC输入端子直接相连。因此，就需要一种能在模拟信号与数字信号之间起转换作用的电路——模拟量模块。

① 采样。按一定的时间原则，对模拟量取值的过程称为采样，采样后得到的量即为离散量。显然，离散量在时间上是离散的，只能代表采样瞬间的模拟量的值。采样的离散量是一个模拟数量，必须经过A/D转换才能变成与离散的模拟量最接近的二进制数字量，这个过程称为量化。量化后的离散量为数字量，但这个数字量在时间上和取值上都是离散的。

在模拟量控制系统中，采样通常按时间等间隔方式进行。采样间隔越短，数字量幅值变化就越接近于连续变化的模拟量信号，信号失真就越小；采样间隔越长，信号失真就越大，如图7.3（b）和（c）所示。

② 功能。A/D 转换就是将输入的模拟量信号进行量化处理,转换为相应的数字量信号。但就控制变频器而言,PLC 通过 A/D 转换就能读取到来自变频器的模拟量反馈信号,从而实现对变频器运行状态的监视。

③ 性能参数。

分辨率:指 A/D 转换模块能够转换的二进制数的位数。分辨率反映了 A/D 转换模块对输入微小变化响应的能力,位数越多则分辨率越高,误差越小,转换精度越高。

转换时间:指从模拟量输入到数字量输出,完成一次 A/D 转换所需要的时间。

相对精度:指在整个转换范围内,任意数字量所对应的模拟输入量的实际值与理论值之差,用模拟电压满量程的百分比表示。

量程:指所能转换的模拟量输入范围。

(3) D/A 转换

① 功能。D/A 转换就是将输入的数字量信号进行模拟化处理,转换为相应的模拟量信号。就控制变频器而言,变频器通过 D/A 转换能接收到来自 PLC 的控制信号,从而实现对变频器运行状态的控制。

② 性能参数。

分辨率:指单位数字量变化引起的模拟量输出变化值。通常定义为满量程电压与最小输出电压分辨值之比。

转换时间:指从数字量输入到模拟量输出,完成一次 D/A 转换所需要的时间。

转换精度:指模块的实际输出值与理想值之间的误差。

(4) 标定和标定变换

① 标定的定义。标定是指两种变量之间的对应关系。以三菱 $FX_{2N}-5A$ 模块为例,在进行 A/D 转换时,模拟量和数字量之间存在一定的对应转换关系,如图 7.4 所示,这种关系称为模块的 A/D 转换标定。同样,在进行 D/A 转换时,数字量和模拟量之间也存在一定的对应转换关系,如图 7.5 所示,这种关系称为模块的 D/A 转换标定。

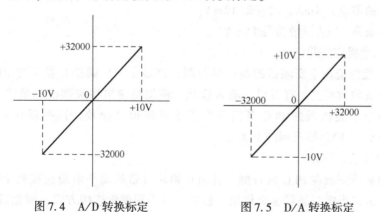

图 7.4　A/D 转换标定　　　　图 7.5　D/A 转换标定

② 标定的作用。

- 规定转换关系。例如在图 7.4 中,转换前的模拟量输入总是与转换后的数字量输出呈线性关系。同样在图 7.5 中,转换前的数字量输入总是与转换后的模拟量输出呈线性关系。

- 规定转换量程。例如在图7.4中,当电压信号输入为 $-10 \sim +10V$ 时,转换成数字量为 $-32000 \sim +32000$;在图7.5中,当电流信号输入为 $4 \sim 20mA$,转换成数字量为 $0 \sim 32000$。
- 规定转换分辨率。例如在图7.4中,转换前最大模拟量电压为10V,转换后最大数字量为32000,则分辨率 $=10V/32000=0.3125mV$。

③ 标定变换。标定变换是指改变原输入和输出之间的转换关系,即用新标定替换原标定,如图7.6所示。根据两点式直线方程原理,只要在两个定值输入点上修改对应的输出值,就可以改变转换关系,实现标定的变换,如图7.7所示。

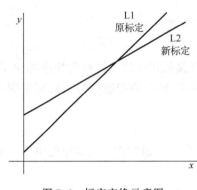

图7.6 标定变换示意图

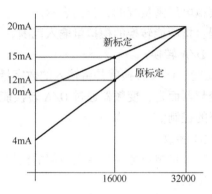

图7.7 $FX_{2N}-5A$ 标定变换

定义:零点——数字量为0时的模拟量值。

增益——数字量为量程中间值时的模拟量值。

在进行具体标定变换时,只要将新的零点值和增益值送入相应的存储器,标定就自动进行了变换。

【例7.1】 如图7.7所示,指出原标定和新标定的零点和增益分别是多少?

解:原标定的零点是4mA,增益是12mA。

新标定的零点是10mA,增益是15mA。

2. 三菱模拟量模块的简介

为了使PLC能够应用于变频器的模拟量控制,许多生产厂商都开发了与PLC配套使用的模拟量模块,模块的类型主要有模拟量输入模块、模拟量输出模块和模拟量输入/输出混合模块。三菱生产商为小型机系列PLC专门开发了5款模拟量模块,这些模块可以用在 FX_{1N}、FX_{2N}、FX_{2NC}、FX_{3G}、FX_{3U} 等系列的PLC上。

(1) 模拟量模块的连接

模拟量模块必须安装在PLC的右侧,且通过模块自带的扁平电缆连接到PLC的扩展接口上,如图7.8所示。当需要进行多个模块连接时,可采用串级连接方式,即把后一个模块的连接电缆插在前一个模块的扩展接口上。

(2) 模拟量模块的编号

在变频器模拟量控制系统中,PLC可能需要连接多个模拟量模块(最多8块),为使PLC能够准确地对每一个模块进行读/写操作,就必须对这些模块加以标识,即对其所在位置进行编号。编号原则是从最靠近PLC基本单元的模块算起,按由近到远原则,将0号到7号依次分配给各个模块。模拟量模块位置编号示例如图7.9所示。

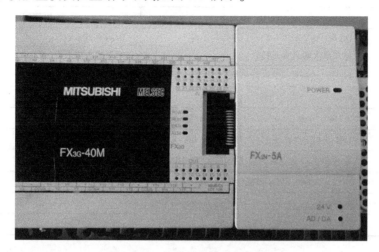

图7.8　PLC与模拟量模块的连接

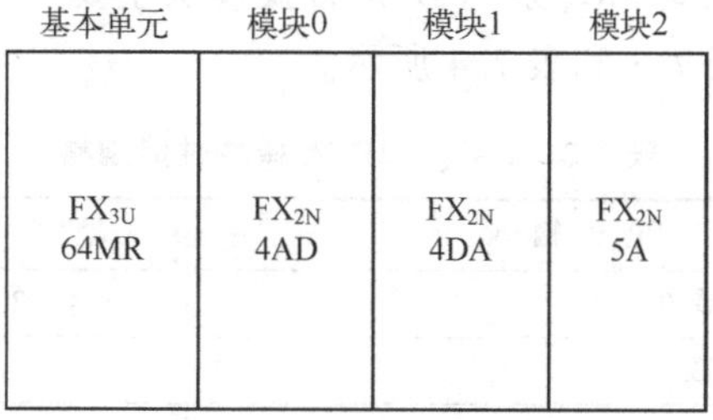

图7.9　模拟量模块位置编号示例

（3）A/D转换模块

在变频器控制系统中，三菱FX_{2N}系列A/D转换模块主要有FX_{2N}-2AD和FX_{2N}-4AD两种型号，它们的性能规格如表7.1和表7.2所示。

表7.1　FX_{2N}-2A/D模块性能规格

项　目	电　压　输　入	电　流　输　入
模拟量输入范围	DC-10～+10V或0～5V 绝对最大输入为-0.5V，+15V	DC 4～20mA 绝对最大输入为-2mA，+60mA
有效数字量输出	12位二进制数	
分辨率	2.5mV	$4\mu A((4\sim20)mA\times1/4000)$
综合精度	±1%（10V满量程）	±1%（20mA满量程）
转换速度	2.5ms/一个通道	
隔离方式	输入和PLC的电源间采用光耦及DC/DC转换器进行隔离	
电源	DC 5V 20mA（PLC内部供电），DC 24V 50mA（PLC外部供电）	
占用PLC点数	8点	
适用PLC	FX_{1N}、FX_{2N}、FX_{3U}、FX_{2NC}、FX_{3UC}	

表7.2 FX_{2N}-4A/D模块性能规格

项　目	电压输入	电流输入
模拟量输入范围	DC 0～10V 或 0～5V 绝对最大输入为 ±15V	DC 4～20mA 绝对最大输入为 ±32mA
有效数字量输出	11位二进制数 + 1位符号位	
分辨率	5mV	20μA
综合精度	±1%	±1%
转换速度	15ms×(1～4个通道)/普通模式，6ms×(1～4个通道)/高速模式	
隔离方式	输入和PLC的电源间采用光耦及DC/DC转换器进行隔离	
电源	DC 5V 30mA（PLC内部供电），DC 24V 55mA（PLC外部供电）	
占用PLC点数	8点	
适用PLC	FX_{1N}、FX_{2N}、FX_{3U}、FX_{2NC}、FX_{3UC}	

（4）D/A转换模块

在变频器控制系统中，三菱 FX_{2N} 系列 D/A 转换模块主要有 FX_{2N}-2DA 和 FX_{2N}-4DA 两种型号，它们的性能规格如表7.3和表7.4所示。

表7.3 FX_{2N}-2D/A模块性能规格

项　目	电压输入	电流输入
模拟量输出范围	DC 0～10V 或 0～5V	DC 4～20mA
有效数字量输入	12位二进制数	
分辨率	2.5mV	4μA
综合精度	±1%	±1%
转换速度	4ms/1个通道	
隔离方式	输入和PLC的电源间采用光耦及DC/DC转换器进行隔离	
电源	DC 5V 20mA（PLC内部供电），DC 24V 50mA（PLC外部供电）	
占用PLC点数	8点	
适用PLC	FX_{1N}、FX_{2N}、FX_{3U}、FX_{2NC}、FX_{3UC}	

表7.4 FX_{2N}-4D/A模块性能规格

项　目	电压输入	电流输入
模拟量输出范围	DC 0～10V	DC 0～20mA
有效数字量输入	11位二进制数 + 1位符号位	10位二进制数
分辨率	5mV	20μA
综合精度	±1%	±1%
转换速度	4ms/4个通道	
隔离方式	输入和PLC的电源间采用光耦及DC/DC转换器进行隔离	
电源	DC 5V 20mA（PLC内部供电），DC 24V 50mA（PLC外部供电）	
占用PLC点数	8点	
适用PLC	FX_{1N}、FX_{2N}、FX_{3U}、FX_{2NC}、FX_{3UC}	

(5) 混合模块

在变频器控制系统中,三菱 FX_{2N} 系列混合模块型号为 $FX_{2N}-5A$,它的性能规格如表 7.5 所示。

表 7.5 $FX_{2N}-5A$ 混合模块性能规格

A/D 转换	电压输入	电流输入
模拟量输入范围	DC -10~+10V 或 DC -100~+100mV	DC 4~20mA
输入特性	可以对各通道设定电压输入和电流输入	
有效数字量输出	15 位二进制数 +1 位符号位	14 位二进制数 +1 位符号位
分辨率	50μV(±100mV) 312.5μV(±10V)	1.25μA 10μA
转换速度	1ms × 使用的通道数	
D/A 转换	**电压输入**	**电流输入**
模拟量输出范围	DC -10~+10V	DC 0~20mA 或 DC 4~20mA
有效数字量输入	15 位二进制数 +1 位符号位	10 位二进制数
分辨率	5mV	20μA
转换速度	1ms	
通用部分	**电压输入/输出**	**电流输入/输出**
隔离方式	输入和 PLC 的电源间采用光耦及 DC/DC 转换器进行隔离	
电源	DC 5V 20mA(PLC 内部供电),DC 24V 50mA(PLC 外部供电)	
占用 PLC 点数	8 点	
适用 PLC	FX_{1N}、FX_{2N}、FX_{3U}、FX_{2NC}、FX_{3UC}	

3. $FX_{2N}-5A$ 模块的应用

三菱 $FX_{2N}-5A$ 作为混合型模块,具有 4 个模拟量输入(A/D)通道和 1 个模拟量输出(D/A)通道。输入通道用于接收模拟量信号并将其转换成相应的数字值,输出通道用于获取一个数字值并且输出一个相应的模拟量信号。

(1) 外部结构及接线

$FX_{2N}-5A$ 模块的外部结构如图 7.10 所示,端子排列分布如图 7.11 所示。

(a)整体结构

(b)端子结构

(c)铭牌

图 7.10 $FX_{2N}-5A$ 模块的外部结构

(2) 接线

$FX_{2N}-5A$ 模块输入端接线如图 7.12 所示,输出端接线如图 7.13 所示。

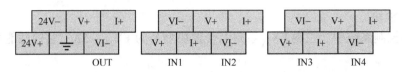

图 7.11　$FX_{2N}-5A$ 模块的端子排列分布

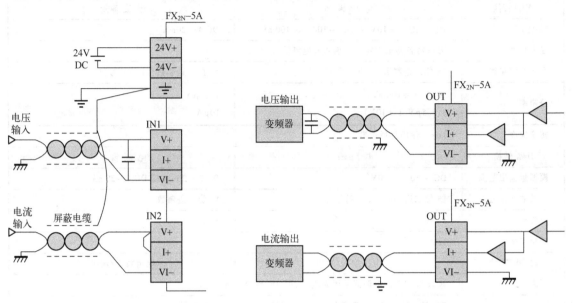

图 7.12　输入端的接线　　　　　图 7.13　输出端的接线

接线要求如下：

① 模拟量输入/输出通道必须通过屏蔽双绞线连接，双绞线应远离电源线或其他可能产生电气干扰的电线和电源。

② 如果输入/输出电压有波动或系统外部有高频干扰，可接入一个容量为 $0.1 \sim 0.47 \mu F$ 的滤波电容。

（3）标定

① A/D 转换标定。$FX_{2N}-5A$ 模块的输入通道对应的是 A/D 转换，常用的标定形式如图 7.14 和表 7.6 所示。

② D/A 转换标定。$FX_{2N}-5A$ 模块的输出通道对应的是 D/A 转换，常用的标定形式如图 7.15 和表 7.7 所示。

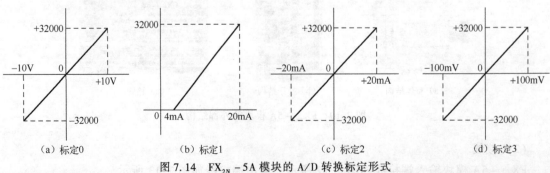

图 7.14　$FX_{2N}-5A$ 模块的 A/D 转换标定形式

表7.6 FX$_{2N}$-5A 模块 A/D 转换标定

标定形式	输入形式	量程		I/O 特性
		输入（模拟量）	输出（数字量）	
0	模拟量电压信号	-10～+10 V	-32000～+32000	图7.14（a）
1	模拟量电流信号	4～20 mA	0～+32000	图7.14（b）
2	模拟量电流信号	-20～+20 mA	-32000～+32000	图7.14（c）
3	模拟量电压信号	-100～+100 mV	-32000～+32000	图7.14（d）

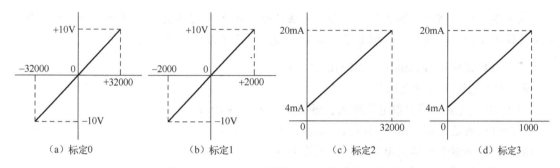

(a) 标定0　　(b) 标定1　　(c) 标定2　　(d) 标定3

图7.15 FX$_{2N}$-5A 模块的 D/A 转换标定形式

表7.7 FX$_{2N}$-5A 模块 D/A 转换标定

标定形式	输出形式	量程		I/O 特性
		输入（数字量）	输出（模拟量）	
0	模拟量电压信号	-32000～+32000	-10～+10 V	图7.15（a）
1	模拟量电压信号	-2000～+2000	-10～+10 V	图7.15（b）
2	模拟量电流信号	0～+32000	4～20 mA	图7.15（c）
3	模拟量电流信号	0～+1000	4～20 mA	图7.15（d）

(4) 缓冲存储器（BFM）功能分配

缓冲存储器简称 BFM，它由1个字，即16个位组成。在 FX$_{2N}$-5A 模块中有250个 BFM，编号从 BFM#0～BFM#249，除了保留和禁止使用的 BFM 以外，每个 BFM 都有特定的功能或含义。在变频器的模拟量控制中，PLC 就是通过对 BFM 的读/写操作，从而实现变频器输出的频率调整和实时控制。BFM 在出厂时都有一个出厂值，当出厂值满足要求时，就不需要对它进行修改；否则就需要使用写指令 TO 对它进行修改。

下面针对变频器的模拟量控制，介绍常用的一些缓冲存储器。

① 模块初始化缓冲存储器。

a. BFM#0——模拟量输入通道组态选择单元

BFM#0 又称输入通道字。BFM#0 用来对 CH1 到 CH4 的输入方式进行指定，出厂值为 H000。BFM#0 由一组4位数的十六进制代码组成，每位代码分别分配给4个输入通道，最高位数对应输入通道4，最低位数对应输入通道1，如图7.16所示。

在图7.16中，当 X 的取值为0～3时，对应的标定形式可在表7.6中查找。当 X=F 时，对应的通道关闭。

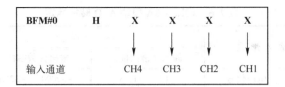

图 7.16 输入通道组态

【工程经验】

闲置不用的通道一定要关闭。因为如果该通道不关闭,它在受到干扰时,模块就会认为有电压输入而进行转换,不仅增加了模块转换时间,而且影响了转换速度。

【例 7.2】试说明输入通道字 HF310 的含义。

解:输入通道字的含义如下:

CH1 = 0,通道 1 模拟量电压输入,量程为 $-10 \sim +10$ V。

CH2 = 1,通道 2 模拟量电流输入,量程为 $4 \sim 20$ mA。

CH3 = 3,通道 3 模拟量电压输入,量程为 $-100 \sim +100$ mV。

CH4 = F,通道 4 关闭。

【例 7.3】已知:$FX_{2N}-5A$ 模块输入通道组态为 CH1 为 $4 \sim 20$ mA 输入、CH2 关闭、CH3 关闭、CH4 为 $-100 \sim +100$ mV 输入,试编制输入通道字。

解:根据通道组态,确定输入通道字如下:

CH1 为 $4 \sim 20$ mA 输入,判定 CH1 的对应代码为 1。

CH2 为关闭状态,判定 CH2 的对应代码为 F。

CH3 为关闭状态,判定 CH3 的对应代码为 F。

CH4 为 $-100 \sim +100$ mV 输入,判定 CH4 的对应代码为 3。

则 $FX_{2N}-5A$ 模块输入通道字为 H3FF1。

b. BFM#1——模拟量输出通道组态选择单元

BFM#1 又称输出通道字。BFM#1 用来对 CH1 的输出方式进行指定,出厂值为 H000。BFM#1 由一个 4 位数的十六进制代码组成,其中最高的 3 位数被模块忽略,只有最低的 1 位数对应输出通道 1,如图 7.17 所示。

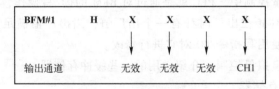

图 7.17 输出通道组态

在图 7.17 中,当 X = 0 ~ 7 时,对应的标定形式可在表 7.7 中查找。当 X = F 时,通道关闭。

【例 7.4】试说明输出通道字 HFFF3 的含义。

解:CH1 = 3,通道 1 模拟量电压输出,量程为 $4 \sim 20$ mA。

CH2 = F,无效通道。

CH3 = F,无效通道。

CH 4 = F，无效通道。

c. BFM#2～BFM#5——平均值采样次数选择单元

BFM#2～BFM#5 又称输入通道采样字。BFM#2～BFM#5 用来确定输入通道 CH1～CH4 平均值的采样次数，出厂值为 8。

【例 7.5】 试说明(BFM#2)=4、(BFM#3)=5、(BFM#4)=6 和(BFM#5)=4 的含义。

解：（BFM#2）=4，通道 1 采样值为 4 次的平均值。

（BFM#3）=5，通道 2 采样值为 5 次的平均值。

（BFM#4）=6，通道 3 采样值为 6 次的平均值。

（BFM#5）=8，通道 4 采样值为 8 次的平均值。

d. BFM#20——初始化功能选择单元

BFM#20 用来选择是否对缓冲存储器执行初始化操作，出厂值为 K0。当（BFM#20）= K0 时，不执行初始化操作；当（BFM#20）= K1 时，执行初始化操作。

【注意】

当 BFM#20 被写入（程序执行）以后，BFM#20 的值会自动恢复为 K0。BFM#20 仅允许读，不允许写。

② 数据读取缓冲存储器。

外部模拟量信号经 FX_{2N} – 5A 模块内部 A/D 处理转换成数字量，然后被存放在规定的 BFM 中。数字量的存放有两种方式：一种是以采样平均值方式存放，另一种是以当前值方式存放。

a. BFM#6～BFM#9——采样数据（平均值）存放单元

输入通道的 A/D 转换数据（数字量）以平均值的方式存放于 BFM#6～BFM#9。BFM#6～BFM#9 分别对应通道 CH1～CH4，具有只读性。

b. BFM#10～BFM#13——采样数据（当前值）存放单元

输入通道的 A/D 转换数据（数字量）以当前值的方式存放于 BFM#10～BFM#13。BFM#10～BFM#13 分别对应通道 CH1～CH4，具有只读性。

【工程经验】

如图 7.18 所示，在三菱 A700 系列变频器上有两个模拟量输出端子，一个是电压输出端子，标号为 AM，AM 端子输出的电压信号变化范围为 DC 0～10V；另一个是电流输出端子，标号为 CA，CA 端子输出的电流信号变化范围为 DC 0～20mA。在变频器模拟量控制系统中，通常可任选其一作为反馈信号源，经过 FX_{2N} – 5A 模块的 A/D 处理，PLC 就能读取到变频器的当前频率，实现运行频率的实时监视。

c. BFM#14——模拟量输出值存放单元

BFM#14 接收用于 D/A 转换的模拟量输出数据。在模拟量控制系统中，变频器的给定频率就存放在 BFM#14 中。

③ 标定变换缓冲存储器。

标定变换其实就是对零点和增益点的值进行重新调整，标定的变换过程如图 7.19 所示。

a. BFM#19——允许模块调整选择单元

BFM#19 又称模块调整字。BFM#19 用来选择是否允许对缓冲存储器进行标定调整操作，出厂值为 K1。当(BFM#19) = K1 时,允许调整;当(BFM#19) = K2 时,不允许调整。

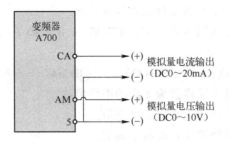

图 7.18　变频器模拟量输出端子

图 7.19　标定的变换过程

 【工程经验】

> 在对标定进行调整时,必须设置(BFM#19) = K1。一般情况下,在对模块进行了初始化或标定调整以后,需要通过程序再把 BFM#19 的值设置为 K2,这就相当于对模块的调整加了一把安全锁。

b. BFM#21——允许通道调整选择单元

BFM#21 又称通道调整字。$FX_{2N}-5A$ 模块通过 BFM#21 低 5 位的位值确定是否进行通道调整操作,其设置如图 7.20 所示。

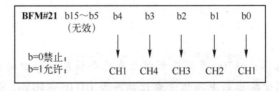

图 7.20　通道调整组态

【例 7.6】已知:通道调整字(BFM#21) = H0019,试说明通道调整组态情况。

b15　b14　b13　b12　b11　b10　b9　b8　b7　b6　b5　b4　b3　b2　b1　b0
　　　　(b15 ~ b5 无效)　　　　　　　　　　1　1　0　0　1

解:比较图 7.20,则有:

b0 = 1→输入通道 CH1 允许调整;　　b1 = 0→输入通道 CH2 不允许调整;
b2 = 0→输入通道 CH3 不允许调整;　　b3 = 1→输入通道 CH4 允许调整;
b4 = 1→输出通道 CH1 允许调整。

【例 7.7】某控制系统要求对 $FX_{2N}-5A$ 模块的输入通道 CH1 和 CH3 进行标定调整,试写出该模块的通道调整字。

解：根据控制要求写出 BFM#21 的内容如下：

b15	b14	b13	b12	b11	b10	b9	b8	b7	b6	b5	b4	b3	b2	b1	b0
(b5～b15 无效)											0	0	1	0	1

通道调整字为（BFM#21）= H0005

c. BFM#41～BFM#44——模拟量输入偏置数据存放单元

当数字量的值为 0 时，模拟量输入的电压值或电流值称为模拟量输入偏置数据。模拟量输入偏置数据存放在 BFM#41～BFM#44 中，分别对应输入通道 CH1～CH4。

【注意】

在写零点调整值和增益值时，所有电压和电流必须变换成以 mV 和 μA 为单位的数值写入程序。例如，零点调整值是 2V，则 2V=2000mV，输入值为 2000；同样，零点调整值是 8mA，则 8mA=8000μA，输入值为 8000。

d. BFM#45——模拟量输出偏置数据存放单元

当 BFM#14 中的数字量的值为 0 时，模拟量输出的电压值或电流值称为模拟量输出偏置数据。模拟量输出偏置数据存放在 BFM#45 中，BFM#45 对应输出通道 CH1。

e. BFM#51～BFM#54——模拟量输入增益数据存放单元

当数字量的值为量程中间值时，模拟量输入的电压值或电流值称为模拟量输入增益数据。模拟量输入增益数据存放在 BFM#41～BFM#44 中，分别对应输入通道 CH1～CH4。

f. BFM#55——模拟量输出增益数据存放单元

当 BFM#14 中的数字量的值为量程中间值时，模拟量输出的电压值或电流值称为模拟量输出增益数据。模拟量输出增益数据存放在 BFM#55 中，BFM#55 对应输出通道 CH1。

4. 特殊模块读写指令介绍

FX_{2N}-5A 模块和 PLC 基本单元之间的数据传送是通过 FX_{2N}-5A 的缓冲存储器来执行的。使用 FROM/TO 指令，就可以在 BFM 和 PLC 之间对数据进行读写，实现数据的传送和交换。

（1）读指令 FROM（FNC78）

功能：将模块 BFM# 的内容读（复制）入 PLC，其指令格式如图 7.21 所示。

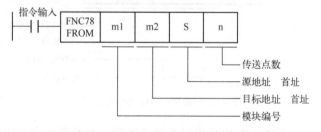

图 7.21 读指令 FROM 的指令格式

指令解读：当触点接通时，把 m1 模块中的以 m2 为首址的 n 个缓冲存储单元的内容，读到 PLC 的以 S 为首址的 n 个数据单元当中。

下面通过举例来具体说明指令功能。

【例 7.8】试说明指令执行的功能含义。

① FROM K0 K6 D10 K1

解：把 0 号模块的（BFM#6）读到 PLC 的 D10 存储单元当中，即 CH1 的平均值在 D10

存放。

② FROM　K1　K10　D100　K4

解：把1号模块的BFM#10～BFM#13单元里的内容读到PLC的D100～D103存储单元当中。对应关系：（BFM#10）→（D100），CH1的瞬时转换数据存放在D100；（BFM#11）→（D101），CH2的瞬时转换数据存放在D101；（BFM#12）→（D102），CH3的瞬时转换数据存放在D102；（BFM#13）→（D103），CH4的瞬时转换数据存放在D103。

③ FROM　K2　K1　K4M100　K1

解：把2号模块的（BFM#1）读到PLC的组合位元件K4M100当中，输出通道字存放在K4M100。

【例7.9】已知：PLC型号为FX_{3U}-64MR，变频器型号为FR-A740-0.75K-CHT，模块号为FX_{2N}-5A，试编写变频器运行频率的监视程序。

解：变频器运行频率的监视程序如图7.22所示，FX_{2N}-5A模块编号为0号，变频器的即时频率存放在BFM#10中。当程序执行时，通过FROM指令，对0号模块的BFM#10进行读操作，并把（BFM#10）复制到PLC的D1数据单元中。

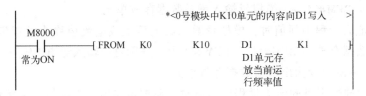

图7.22　变频器运行监视程序

（2）写指令TO（FNC79）

TO指令的功能是将数据从PLC写入模块缓冲存储器（BFM）中，其指令格式如图7.23所示。

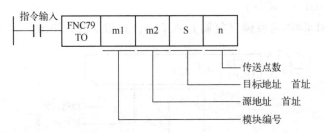

图7.23　读指令TO的指令格式

指令解读：当触点接通时，将PLC中以S为首址的n个数据单元中的内容写入到m1模块的以m2（BFM#）为首址的n个缓冲存储单元当中。

下面通过举例来具体说明指令功能。

【例7.10】试说明指令执行的功能含义。

① TO　K0　K0　H1234　K1

解：将十六进制数H1234写入0号模块的BFM#0单元中，即向0号模块写输入通道字。

② TO　K1　K2　D100　K4

解：将PLC的D100～D103存储单元的内容写入1号模块的BFM#2～BFM#5单元中。

对应关系：（D100）→（BFM#2），写入 CH1 的采样字；（D101）→（BFM#3），写入 CH2 的采样字；（D102）→（BFM#4），写入 CH3 的采样字；（D103）→（BFM#5），写入 CH4 的采样字。

③ TO K2 K3 K4 K1

解：将立即数 K4 写入到 2 号模块的 BFM#3 单元中，即向 2 号模块 CH2 写入采样字。

【例 7.11】已知：FX_{2N} - 5A 模块通道组态：CH1 关闭、CH2 为 4～20 mA 电流输入、CH3 关闭、CH4 为 -10～+10V 电压输入，所有通道采样字为 6，试写出该模块初始化设置程序。

解：该模块的输入通道字为 H0F1F，初始化设置程序如图 7.24 所示。

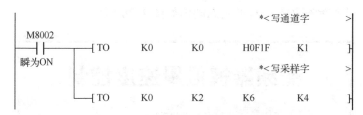

图 7.24 模块初始化设置程序

【例 7.12】试说明指令 TO K0 K2 K6 K3 的执行功能。

解：该指令的执行功能是将 K6 分别写入 0 号模块的 BFM#2、BFM#3 和 BFM#4 中。程序的执行结果是（BFM#2）= 6、（BFM#3）= 6、（BFM#4）= 6。如果模块型号是 FX_{2N} - 5A，其含义就是通道 CH1～CH3 采样字均为 6，即采样值为 6 次的平均值。因为该指令只对 CH1～CH3 通道的采样字进行了设置，所以 CH4 通道的采样字仍为出厂值。

【例 7.13】模块型号为 FX_{2N} - 5A，设 CH1 的零点调整值为 1000，增益调整值为 8000，试编制输入 CH1 标定调整程序。

解：标定调整程序如图 7.25 所示。

图 7.25 标定调整程序

【任务实施】

1. 实训器材

① 变频器，型号为 FR - A740 - 0.75K - CHT，1 台/组。

② PLC，型号为 FX_{3U} - 64M，1 个/组。

③ 模拟量模块,型号为 $FX_{2N}-5A$,1个/组。
④ 触摸屏,型号为昆仑通态 TPC1163KX,1个/组。
⑤ 三相异步电动机,型号为 A05024、功率 60W,1台/组。
⑥ 维修电工常用仪表和工具,1套/组。
⑦ 按钮,型号为施耐德 ZB2-BE101C(不带自锁),1个(绿色)/组。
⑧ 对称三相交流电源,线电压为 380V,1个/组。

2. 实训步骤

课题1 PLC 模拟量方式控制变频器单向连续运行

(1) 控制要求

PLC 模拟量方式控制变频器运行的组态画面如图 7.26 所示。

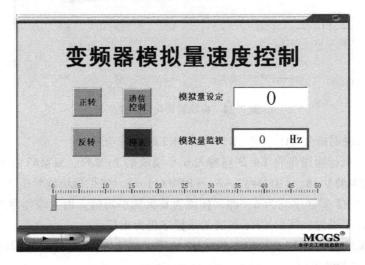

图 7.26 模拟量控制系统组态画面

基本要求:
① 根据控制要求,编写模块的输入通道字和输出通道字。
② 编写控制程序,设定变频器 EXT 工作模式。
③ 当点动按压启动按钮时,控制变频器以 25Hz 固定频率单向运行。
④ 当点动按压停止按钮时,控制变频器停止运行。
⑤ 对变频器的输出频率进行实时监视。

进阶要求:
① 对变频器的运行方向进行选择。
② 对变频器的预置频率进行调整。
③ 对变频器的输出频率进行精细调节。

(2) 控制系统设计

PLC 模拟量方式控制系统的设计步骤如图 7.27 所示。

① 硬件设计。

根据课题 1 的控制要求,编制 PLC 的 I/O 地址分配表,如表 7.8 所示。
根据 I/O 地址分配表,设计控制系统硬件接线图,如图 7.28 所示。

图 7.27 PLC 模拟量方式控制系统的设计步骤

表 7.8 控制系统 I/O 地址分配

外部输入设备		PLC			变频器			
		输入端子		输出端子		输入端子		输出端子
设备名称	符号	编号	屏编号	输出点编号		输入点代号		输出点代号
启动按钮	SB_0	X0	M0	正转	Y2	正转	STF	电压
启动按钮	SB_1	X1	M1	反转	Y3	正转	STR	AM
启动按钮	SB_2	X2	M2					

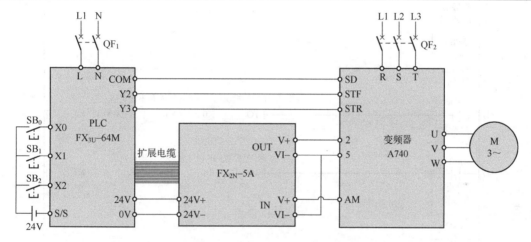

图 7.28 课题 1 控制系统接线图

变频器运行频率的设定（D/A 转换）使用输出通道 1，确定通道字为 HFFF0。
变频器运行频率的采样（A/D 转换）使用输入通道 2，确定通道字为 HFF0F。
② 软件设计。
操作过程：打开 GX works2 编辑软件，创建名称为"PLC 模拟量方式控制变频器单向连续运行"的新文件；根据课题 1 的控制要求，设计控制系统梯形图程序，如图 7.29 所示。
（3）系统调试
检查控制系统的硬件接线是否与图 7.28 一致，检查接线端子的压接情况，观察接线是否有松脱现象。硬件电路经确认无误后，系统才可以上电调试运行。
① 上电开机。
操作过程：闭合空气断路器，将 PLC 和变频器上电；设置变频器功能参数 Pr.73＝0、Pr.79＝2；将图 7.29 所示的梯形图程序下传给 PLC。
观察项目：观察 PLC 面板上的指示灯；观察变频器操作单元上的指示灯和显示器上显示的字符；观察电动机的转向和转速。
现场状况：PLC 的 POW 和 RUN 指示灯点亮；变频器的 MON 和 EXT 指示灯点亮。

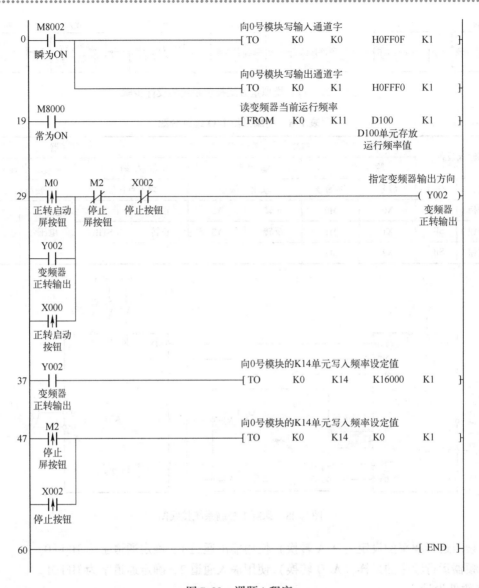

图 7.29 课题 1 程序

② 功能调试。

第一步：启动变频器运行。

操作过程：点动按压外设的正转按钮或触摸屏上的正转按钮，启动单向（正转）运行。

观察项目：观察 PLC 面板上的指示灯；观察变频器操作单元上的指示灯和显示器上显示的字符；观察电动机的转向和转速。

现场状况：PLC 的 Y2 指示灯点亮；变频器的 FWD 指示灯点亮，显示器上显示的字符为"25.00"；触摸屏显示 25Hz；电动机正向旋转。

第二步：停止变频器运行。

操作过程：点动按压外设的停止按钮或触摸屏上的停止按钮，停止变频器运行。

观察项目：观察 PLC 面板上的指示灯；观察变频器操作单元上的指示灯和显示器上显示的字符；观察电动机的转向和转速。

现场状况：PLC 的 Y2 指示灯熄灭；变频器的 FWD 指示灯熄灭，显示器上显示的字符为"0.00"；触摸屏显示 0Hz；电动机停止旋转。

第三步：选择运行方向。

操作过程：修改图 7.29 所示的梯形图程序，将程序中的 Y2 改为 Y3；下传新程序、启动变频器运行。

观察项目：观察 PLC 面板上的指示灯；观察变频器操作单元上的指示灯和显示器上显示的字符；观察电动机的转向和转速。

现场状况：PLC 的 Y3 指示灯点亮；变频器的 REV 指示灯点亮，显示器上显示的字符为"25.00"；触摸屏显示 25Hz；电动机反向旋转。

第四步：选择运行频率。

操作过程：修改图 7.29 所示的梯形图程序，将运行频率的设定值由 K16000 更新为 K32000；下传新程序、启动变频器运行。

观察项目：观察 PLC 面板上的指示灯；观察变频器操作单元上的指示灯和显示器上显示的字符；观察电动机的转向和转速。

现场状况：PLC 的 Y2 指示灯点亮；变频器的 FWD 指示灯点亮，显示器上显示的字符为"50.00"；触摸屏显示 50Hz；电动机正向旋转。

第五步：精细调节输出频率。

操作过程：修改图 7.29 所示的梯形图程序，将运行频率的设定值由立即数更新为 D0；下传新程序、启动变频器运行；左右滑动频率调节亮条，改变 D0 单元中的数值，填写表 7.9。

表 7.9 设定频率与实际运行频率对照表

频率设定值（数字量）	6400	9600	12800	16000	19200	22400	25600	28800	32000
频率设定值（模拟量）									
频率显示值（模拟量）									

观察项目：观察 PLC 面板上的指示灯；观察变频器操作单元上的指示灯和显示器上显示的字符；观察电动机的转向和转速；进行标定验证。

现场状况：PLC 的 Y2 指示灯点亮；变频器的 FWD 指示灯点亮，显示屏显示当前值；触摸屏显示输出频率的当前值；电动机正向旋转；变频器的输出频率和电动机的转速均可以连续调节；验证标定正确。

课题 2　PLC 模拟量方式控制变频器正反转连续运行

（1）控制要求

基本要求：

① 当点动按压正转按钮时，PLC 控制变频器以 30Hz 固定频率正转运行。

② 当点动按压反转按钮时，PLC 控制变频器以 20Hz 固定频率反转运行。

③ 当点动按压停止按钮时，PLC 控制变频器停止运行。

④ 对变频器的输出频率进行实时监视。

进阶要求：

① 对变频器的正转或反转运行状态可以直接切换，实现"正—反—停"控制。

② 对变频器的正转或反转输出频率都可以进行精细调节。

（2）控制系统设计

控制系统的硬件设计与课题 1 相同，此处叙述省略。

根据课题 2 的控制要求，设计控制系统梯形图程序，如图 7.30 所示。

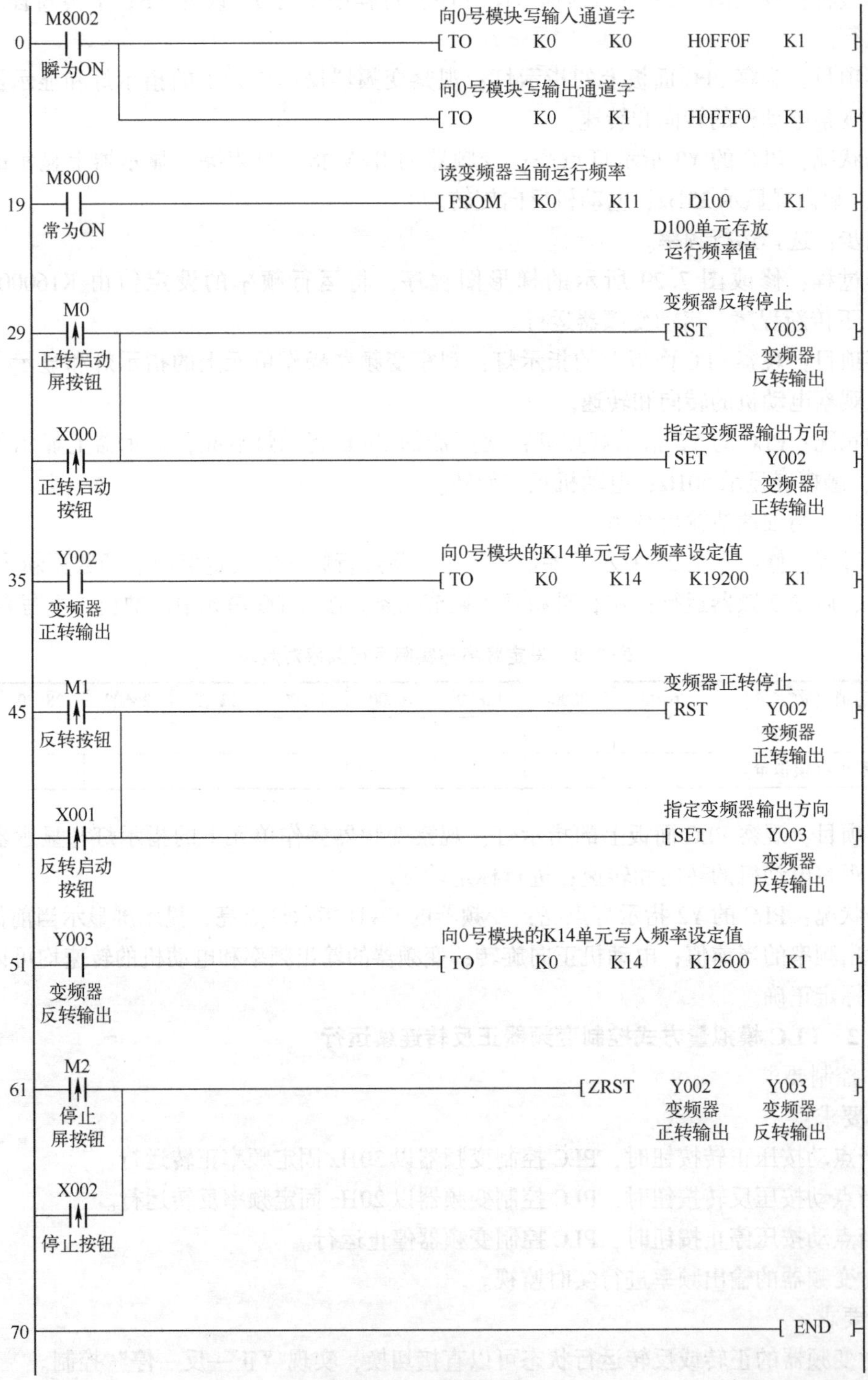

```
         M8002                                         向0号模块写输入通道字
 0       ──┤├──────────────────────────────┤TO      K0      K0      H0FF0F   K1├
          瞬为ON
            │                                         向0号模块写输出通道字
            └─────────────────────────────┤TO      K0      K1      H0FFF0   K1├

         M8000                                         读变频器当前运行频率
19       ──┤├──────────────────────────────┤FROM    K0      K11     D100     K1├
          常为ON                                       D100单元存放
                                                      运行频率值

          M0                                           变频器反转停止
29       ──┤↑├─────────────────────────────────────┤RST        Y003├
         正转启动                                       变频器
         屏按钮                                         反转输出

         X000                                          指定变频器输出方向
          ──┤↑├─────────────────────────────────────┤SET        Y002├
         正转启动                                       变频器
          按钮                                          正转输出

         Y002                                          向0号模块的K14单元写入频率设定值
35       ──┤├──────────────────────────────┤TO      K0      K14     K19200   K1├
         变频器
         正转输出

          M1                                           变频器正转停止
45       ──┤↑├─────────────────────────────────────┤RST        Y002├
         反转按钮                                       变频器
                                                      正转输出

         X001                                          指定变频器输出方向
          ──┤↑├─────────────────────────────────────┤SET        Y003├
         反转启动                                       变频器
          按钮                                          反转输出

         Y003                                          向0号模块的K14单元写入频率设定值
51       ──┤├──────────────────────────────┤TO      K0      K14     K12600   K1├
         变频器
         反转输出

          M2
61       ──┤↑├─────────────────────────────────────┤ZRST   Y002     Y003├
         停止                                         变频器    变频器
         屏按钮                                       正转输出  反转输出

         X002
          ──┤↑├
         停止按钮

70                                                                   ┤END├
```

图 7.30　课题 2 程序

(3) 系统调试

检查控制系统的硬件接线是否与图 7.28 一致，检查接线端子的压接情况，观察接线是否有松脱现象。硬件电路经确认无误后，系统才可以上电调试运行。

第一步：上电开机。

操作过程：闭合空气断路器，将 PLC 和变频器上电；设置变频器功能参数 Pr.73 = 0、Pr.79 = 2；将图 7.30 所示的梯形图程序下传给 PLC。

观察项目：观察 PLC 面板上的指示灯；观察变频器操作单元上的指示灯和显示器上显示的字符；观察电动机的转向和转速。

现场状况：PLC 的 POW 和 RUN 指示灯点亮；变频器的 MON 和 EXT 指示灯点亮。

第二步：启动正转运行。

操作过程：点动按压外设的正转按钮或触摸屏上的正转按钮，启动变频器正转运行。

观察项目：观察 PLC 面板上的指示灯；观察变频器操作单元上的指示灯和显示器上显示的字符；观察电动机的转向和转速。

现场状况：PLC 的 Y2 指示灯点亮；变频器的 FWD 指示灯点亮，显示器上显示的字符为"30.00"；触摸屏显示 30Hz；电动机正向旋转。

第三步：启动反转运行。

操作过程：触碰触摸屏上的反转按钮或点动按压外设的反转按钮，启动变频器反转运行。

观察项目：观察 PLC 面板上的指示灯；观察变频器操作单元上的指示灯和显示器上显示的字符；观察电动机的转向和转速。

现场状况：PLC 的 Y3 指示灯点亮；变频器的 REV 指示灯点亮，显示器上显示的字符为"20.00"；触摸屏显示 20Hz；电动机反向旋转。

第四步：停止运行。

操作过程：触碰触摸屏上的停止按钮或点动按压外设的停止按钮，停止变频器运行。

观察项目：观察 PLC 面板上的指示灯；观察变频器操作单元上的指示灯和显示器上显示的字符；观察电动机的转向和转速。

现场状况：PLC 的 Y3 指示灯熄灭；变频器的 REV 指示灯熄灭，显示器上显示的字符为"0.00"；触摸屏显示 0 Hz；电动机停止旋转。

第五步：输出频率精细调节。

操作过程：修改图 7.30 所示的梯形图程序，将运行频率的设定值由立即数更新为 D0；下传新程序、启动变频器运行；左右滑动频率调节亮条，改变 D0 单元中的数值。

观察项目：观察 PLC 面板上的指示灯；观察变频器操作单元上的指示灯和显示器上显示的字符；观察电动机的转向和转速。

现场状况：PLC 的 Y2 指示灯点亮；变频器的 FWD 指示灯点亮，显示器上显示的字符为当前值；触摸屏显示输出频率的当前值；电动机正向旋转；变频器的输出频率和电动机的转速均可以连续调节。

课题 3　变换标定控制变频器单向连续运行

(1) 控制要求

基本要求：

① 左右滑动触摸屏上的频率调节亮条，精细调节变频器的输出频率。

② 当光标在调节亮条的最左侧位置时,变频器的输出频率为 10Hz。
③ 当光标在调节亮条的中间位置时,变频器的输出频率为 30Hz。
④ 其他控制要求与课题 1 相同。

进阶要求:
① 控制变频器输出的频率在 25～50Hz 范围内连续可调。
② 绘制标定的 I/O 特性曲线。

(2) 控制系统设计

控制系统的硬件设计与课题 1 相同,此处叙述省略。

根据课题 3 的控制要求,设计控制系统梯形图程序,如图 7.31 所示。

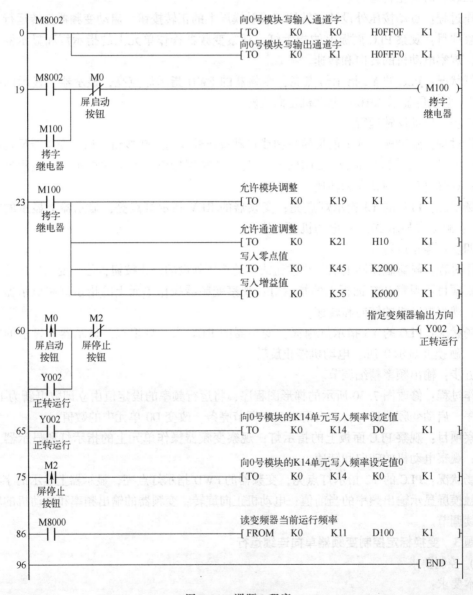

图 7.31 课题 3 程序

（3）系统调试

检查控制系统的硬件接线是否与图 7.28 一致，检查接线端子的压接情况，观察接线是否有松脱现象。硬件电路经确认无误后，系统才可以上电调试运行。

第一步：上电开机。

操作过程：闭合空气断路器，将 PLC 和变频器上电；设置变频器功能参数 Pr.73 = 0、Pr.79 = 2；将图 7.31 所示的梯形图程序下传给 PLC。

观察项目：观察 PLC 面板上的指示灯；观察变频器操作单元上的指示灯和显示器上显示的字符；观察电动机的转向和转速。

现场状况：PLC 的 POW 和 RUN 指示灯点亮；变频器的 MON 和 EXT 指示灯点亮。

第二步：初值频率运行。

操作过程：向左滑动调节亮条，将光标滑动到调节亮条的最左侧位置，或直接向 D0 单元赋值 K0；点动按压外设的正转按钮或触摸屏上的正转按钮，启动变频器正转运行。

观察项目：观察 PLC 面板上的指示灯；观察变频器操作单元上的指示灯和显示器上显示的字符；观察电动机的转向和转速。

现场状况：Y2 和 FWD 指示灯点亮；显示器上显示的字符为"10.00"；触摸屏显示当前变频器的输出频率值；电动机正向旋转。

第三步：中值频率运行。

操作过程：向右滑动调节亮条，将光标滑动到调节亮条的中间位置，或直接向 D0 单元赋值 K16000。

观察项目：观察 PLC 面板上的指示灯；观察变频器操作单元上的指示灯和显示器上显示的字符；观察电动机的转向和转速。

现场状况：Y2 和 FWD 指示灯点亮；显示器上显示的字符为"30.00"；触摸屏显示当前变频器的输出频率值；电动机正向旋转。

第四步：终值频率运行。

操作过程：向右滑动调节亮条，将光标滑动到调节亮条的最右侧位置，或直接向 D0 单元赋值 K32000。

观察项目：观察 PLC 面板上的指示灯；观察变频器操作单元上的指示灯和显示器上显示的字符；观察电动机的转向和转速。

现场状况：Y2 和 FWD 指示灯点亮；显示器上显示的字符为"50.00"；触摸屏显示当前变频器的输出频率值；电动机正向旋转。

第五步：停止运行。

操作过程：触碰触摸屏上的停止按钮或点动按压外设的停止按钮，停止变频器运行。

观察项目：观察 PLC 面板上的指示灯；观察变频器操作单元上的指示灯和显示器上显示的字符；观察电动机的转向和转速。

现场状况：Y2 和 FWD 指示灯熄灭；显示器上显示的字符为"0.00"；触摸屏显示当前变频器的输出频率值为 0；电动机停止旋转。

【工程素质培养】

1. 职业素质培养要求

PLC 基本单元与模拟量模块的安装应紧固，两者之间的安装缝隙越小越好。由于模拟量模块电源取用的是来自 PLC 基本单元上的 24V DC，在与 PLC 基本单元连接时，为防止因接线错误损坏电源，一定要先确认电源的正负极性标识，然后才能进行接线。另外，模拟量模块不允许带电拔插和带电接线。

2. 专业素质培养问题

问题 1：在 PLC 上电以后，发现模拟量模块的 POW 指示灯不亮。

解答：出现这种现象的原因可能是 PLC 的电源故障、模块电源接线错误或者是扩展电缆的插头没有插好。在实践中，往往是后一种情况发生的概率较大。

问题 2：在模拟量控制程序成功下传以后，发现变频器并不执行频率输出。

解答：出现这种现象的原因可能是系统的硬件接线错误、变频器的运行模式错误或模块的通道设置错误。在实践中，往往是后一种情况发生的概率较大。

问题 3：变频器实际输出的频率与程序设定的频率差别较大，几乎是两倍关系，而且系统很容易进入高频段运行状态。

解答：出现这种现象的原因是变频器功能参数 Pr.73 设置错误，应设置 Pr.73＝0。

3. 解答工程实际问题

问题情境：在生产设备技术改造时，往往会遇到提高速度调节精度这一指标要求，以满足生产工艺的需要。

真实问题：要想提高速度的调节精度，最简单的办法就是选用分辨率更高一级的模拟量模块，但随着模块分辨率的提高，设备改造的成本也随之上升。那么在实际工程中，如何继续利用原有模块来解决这一问题呢？

参考答案：因为在实际生产过程中，绝大多数机械设备并不要求电动机一定在 0～50Hz 全频范围内调速运行，一般只是在某一个频段内做速度调整，所以我们继续利用原有模块，通过改变标定的方法也可以提高速度调节精度。例如在课题 3 中，如果令模拟量输出偏置（BFM#45）＝5000、模拟量输出增益（BFM#55）＝7500，则模块输出的电压范围为 5～10V，对应控制变频器频率输出的范围为 25～50HZ。与标定变换前相比，虽然变频器频率输出的范围被缩减了一半，但其速度调节精度却提高了一倍。

任务 8　PLC RS-485 通信控制变频器运行操作训练

【任务要求】

以 RS-485 通信控制变频器运行操作为训练任务，通过对变频器专用通信指令和 RS-485 通信接口的学习，使学生熟悉以 RS-485 总线为核心的变频器控制技术，掌握当今主流传动控制系统的操作方法。

1. 知识目标

（1）了解三菱变频器 RS-485 通信控制系统。
（2）熟知三菱变频器通信控制硬件接口。
（3）掌握三菱变频器通信专用指令的格式及应用。
（4）了解通信基础知识，掌握三菱变频器通信参数和通信格式。
（5）掌握三菱 PLC 和变频器通信设置方法。

2. 技能目标

（1）会安装三菱变频器通信控制硬件接口。
（2）会进行通信设置，能完成通信接口硬件接线操作。
（3）会编写 PLC 通信控制程序，能完成 RS-485 通信控制系统的安装和调试。

【知识储备】

在现代工业控制系统中，PLC 和变频器的综合应用最为普遍。比较传统的应用一般是使用 PLC 的输出触点驱动中间继电器控制变频器的启动、停止或是多段速；更为精确一点的，一般采用 PLC 加 D/A 扩展模块连续控制变频器的运行或是多台变频器之间的同步运行。但是对于大规模自动化生产线，一方面变频器的数目较多，另一方面电机分布的距离不一致，采用 D/A 扩展模块做同步运行控制容易受到模拟量信号的波动和因距离不一致而造成的模拟量信号衰减不一致的影响，使整个系统的工作稳定性和可靠性降低。而使用 RS-485 通信控制，仅通过一条通信电缆连接，就可以完成变频器的启动、停止和频率设定，并且很容易实现多电机之间的同步运行。这种系统成本低，信号传输距离远，抗干扰性强。

1 台 PLC 和不多于 8 台变频器组成的交流变频传动系统是常见的小型工业自动化控制系统，在这种场合下，变频器控制手段主要以 RS-485 总线控制方式为主。该方式的硬件主要由 1 台 PLC、1 个 RS-485 通信板和若干台变频器组成，采用 1：N 主从通信方式，PLC 是主站，变频器是从站，主站 PLC 通过站号区分不同从站的变频器，主站与任意从站之间均可进行单向或双向数据传送，从站只有在收到主站的读写命令后才能发送数据。通信程序在主站上编写，从站只需设定相关的通信协议参数即可。

需要说明的是，RS-485 总线并不是真正意义上的总线，只是一种习惯称呼。就其本质而言，它只是一种数据通信系统，只不过连接在该系统当中的所有设备（PLC 和变频器）都统一执行 RS-485 通信标准，其结构如图 8.1 所示。

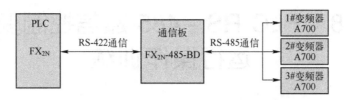

图 8.1 变频器的 RS-485 总线控制系统结构

1. 三菱变频器通信控制硬件接口

（1）FX_{3G} - 485 - BD 通信板简介

为保证 PLC 和变频器之间能够进行正常的数据通信，要求双方通信的接口标准必须相同。三菱 FX 系列 PLC 标配的通信接口标准是 RS-422，而三菱 A700 系列变频器标配的通信接口标准是 RS-485。由于接口标准不同，它们之间要想实现数据通信，就必须对其中一个设备的通信接口进行转换。通常的做法是对 PLC 的通信接口进行转换，即将 PLC 的 RS-422 接口转换成 RS-485 接口，而进行这种转换所使用的硬件设备就是三菱 FX 系列 485-BD 通信模块。

三菱 FX 系列 485-BD 通信模块又称 485-BD 通信板，它专门用于 PLC 通信接口的转换。通过该模块的转换，PLC 和变频器之间即可进行 RS-485 标准的数据通信。三菱 FX 系列 485 通信板型号主要有 FX_{1N} - 485 - BD、FX_{2N} - 485 - BD、FX_{3G} - 485 - BD 和 FX_{3U} - 485 - BD，其实物图如图 8.2 所示。

（a）FX_{1N}-485-BD

（b）FX_{2N}-485-BD

（c）FX_{3G}-485-BD

（d）FX_{3U}-485-BD

图 8.2 三菱 FX 系列 485 通信板实物图

下面以 FX_{3G} - 485 - BD 通信板为例，介绍通信板的外部结构和安装使用方法。

① FX_{3G} - 485 - BD 通信板外部结构。FX_{3G} - 485 - BD 通信板的外部结构如图 8.3 所示。在 FX_{3G} - 485 - BD 通信板上有 5 个接线端子，它们分别是数据发送端子（SDA、SDB）、数据接收端子（RDA、RDB）和公共端子 SG，如图 8.4 所示。另外，在该通信板上还设有 2 个 LED 通信指示灯，用于显示当前的通信状态。当发送数据时，SD 指示灯处于频闪状态；当接收数据时，RD 指示灯处于频闪状态。

② FX_{3G} - 485 - BD 通信板的安装。FX_{3G} - 485 - BD 通信板直接安装在三菱 FX_{3G} 系列 PLC 外壳正面的面板上，其安装过程较为简单，具体步骤如下：

第一步：从 PLC 外壳正面的面板上卸下盖板，如图 8.5 所示。

第二步：将通信板插到 PLC 盖板下面的连接插口上，如图 8.6 所示。

（a）正面　　　　　　　（b）反面

图 8.3　FX$_{3G}$-485-BD 通信板的外部结构　　　图 8.4　FX$_{3G}$-485-BD 通信板的接线端子

 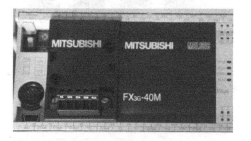

图 8.5　拆卸 PLC 的盖板　　　　　　　图 8.6　插装通信板

第三步：用 M3 的螺钉将通信板固定在 PLC 面板上。

（2）FX$_{3G}$-485-BD 通信板与 FR-A700 变频器的连接

① 连接要求。

- 不管是通信板与变频器之间的通信连接，还是变频器与变频器之间的通信连接，都必须采用串接方式，即用一条总线通过若干个分配器将各个变频器串接起来，连接框图如图 8.7 所示。

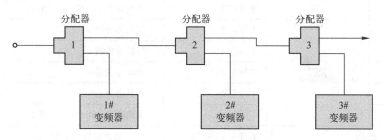

图 8.7　变频器的连接框图

- 通信设备之间的引出线长度应尽量短，要远离干扰源和电源线，有条件的情况下应保持 0.5m 以上的间隔距离。
- 从通信板到变频器之间的连接线要尽量使用屏蔽双绞线，双绞线的屏蔽层应有效接地。

② FR-A700 变频器的通信接口。FR-A700 变频器的 RS-485 通信接口与其他品牌变频器的接口有很大不同，它采用了一种特殊的连接形式——通信端子排。采用这种连接形式不仅可以省掉分配器，而且还使得通信接口的接线变得既方便又可靠。

在通信端子排上，所有端子按上、中、下分三层布置，每一层各有 4 个端子，一共排布 12 个端子，如图 8.8 所示，各个端子的名称及用途如表 8.1 所示。

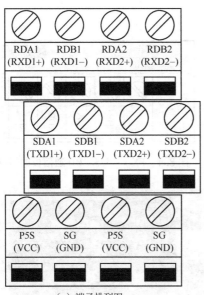
(a)端子排列图

(b)端子排实物图

图 8.8 RS-485 端子排

表 8.1 RS-485 通信端子说明

端子名称	端子属性	排列位置	用途	说 明
RDA1（RXD1+）	第一套通信端子	上排左 1	变频器接收 +	本站使用
RDB1（RXD1-）		上排左 2	变频器接收 -	
SDA1（TXD1+）		中排左 1	变频器发送 +	
SDB1（TXD1-）		中排左 2	变频器发送 -	
SG		下排左 2	接地端子（和 SD 端子相通）	
RDA2（RXD2+）	第二套通信端子	上排左 3	变频器接收 +	分支使用
RDB2（RXD2-）		上排左 4	变频器接收 -	
SDA2（TXD2+）		中排左 3	变频器发送 +	
SDB2（TXD2-）		中排左 4	变频器发送 -	
SG		下排左 4	接地端子（和 SD 端子相通）	
P5S		下排左 1 和左 3	5V，允许负载电流 100mA	电源使用

从图 8.8 和表 8.1 可知，FR-A700 系列变频器的通信接口有两套通信端子，第一套端子用来与前一站号设备进行通信连接，第二套端子用来与后一站号设备进行通信连接，这样就很好地解决了多台变频器之间的串接通信问题，而不需要在同一个端子上压接两根线，甚至多根线，避免出现因接触不良影响通信的现象。

在通信端子上方附近，FR-A700 系列变频器内置了一个 100Ω 的终端电阻和控制开关，如图 8.9 所示。变频器在出厂时，控制开关的挡位放置在"OPEN"标识侧，只有在 PLC 与多台变频器进行通信的情况下，处于最终端的变频器才需要接终端电阻，即将该变频器控制开关的挡位拨到"100Ω"标识侧，而其余各台均不接。

③ FX_{3G}-485-BD 通信板与单台 FR-A700 变频器的连接。

FR – A700 变频器采用四线制接线方式，它与 FX$_{3G}$ – 485 – BD 通信板的连接如图 8.10 所示。由图 8.10 可知，变频器上的第一套通信端子（SDA1、SDB1、RDA1、RDB1）通过屏蔽双绞线与通信板上的通信端子（RDA、SDB、SDA、SDB）一对一连接。

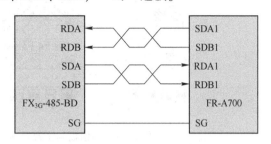

图 8.9 终端电阻和开关　　　　　图 8.10 通信板与单台变频器的连接

【注意事项】

在变频器与通信板相距较远（300m 以上）的情况下，应根据图 8.9 所示的操作，将终端电阻开关拨到 "100Ω" 标识侧。

FX$_{3G}$ – 485 – BD 通信板与单台 FR – A700 变频器连接的现场图如图 8.11 所示。

（a）通信板侧　　　　　　　　　　（b）变频器侧

图 8.11 通信板与单台变频器连接的现场图

④ FX$_{3G}$ – 485 – BD 通信板与多台 FR – A700 变频器的连接。

FX$_{3G}$ – 485 – BD 通信板与多台 FR – A700 变频器的连接如图 8.12 所示。由图 8.12 可知，0 号站变频器上的第一套通信端子（SDA1、SDB1、RDA1、RDB1）通过屏蔽双绞线与通信板上的通信端子（RDA、RDB、SDA、SDB）一对一连接；而 0 号站变频器上的第二套通信端子（SDA2、SDB2、RDA2、RDB2）通过屏蔽双绞线与 1 号站变频器上的第一套通信端子（SDA1、SDB1、RDA1、RDB1）一对一连接；后续变频器的接法则依此类推，直至接完最后一台 n 号站的变频器。通信板与多台 FR – A700 变频器的实际接线如图 8.13 所示。

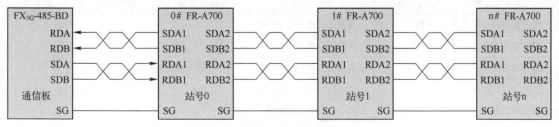

图 8.12 通信板与多台变频器的连接

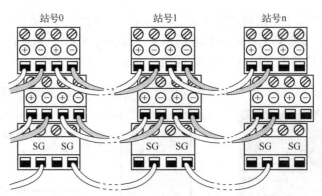

图 8.13　通信板与多台变频器的实际连接

2. 三菱 FX$_{3G}$ 系列 PLC 的变频器通信专用指令介绍

为方便 PLC 以通信方式控制变频器运行，许多 PLC 机型都能提供专门用于变频器通信控制的指令，但变频器通信专用指令的使用具有局限性，因为它只对某些特定的变频器适用，一般是针对与 PLC 同一品牌的变频器。

三菱 FX$_{3G}$ 系列 PLC 提供 4 条变频器通信专用指令，它们分别是运行监视指令、运行控制指令、参数读取指令和参数写入指令。下面从控制变频器的角度，详细介绍变频器通信专用指令的使用。

（1）变频器运行状态的监视

PLC 采用通信方式对变频器的运行状态信息（电流值、电压值、频率值、正/反转等）进行采集，这种操作称为运行状态监视。为便于完成状态监视任务，三菱 FX$_{3G}$ 系列 PLC 提供了变频器运行监视指令，该指令助记符为 IVCK，代码为 FNC270。

① 指令说明。

指令功能：将变频器运行参数的当前值从变频器读（复制）到 PLC，其指令格式如图 8.14 所示，指令操作说明如表 8.2 所示。

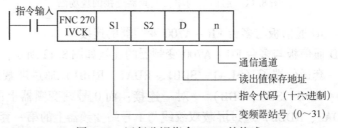

图 8.14　运行监视指令 IVCK 的格式

表 8.2　IVCK 指令操作说明

读取内容（目标参数）	指令代码	操作数释义	通信方向	操作形式	通道号
输出频率值	H6F	当前值；单位 0.01Hz	变频器↓PLC	读操作	CH1↓K1
输出电流值	H70	当前值；单位 0.1A			
输出电压值	H71	当前值；单位 0.1V			
运行状态监控	H7A	b0 = 1、H1；正在运行			
		b1 = 1、H2；正转运行			
		b2 = 1、H4；反转运行			

指令解读：当触点接通时，按照指令代码 S2 的要求，把通道 n 所连接的 S1 号变频器的运行监视数据读（复制）到 PLC 的数据存储单元 D 中。

② 指令应用。

下面通过举例具体说明变频器运行监视指令（IVCK）的实际应用。

【例 8.1】某段通信程序如图 8.15 所示，试说明该程序所执行的功能。

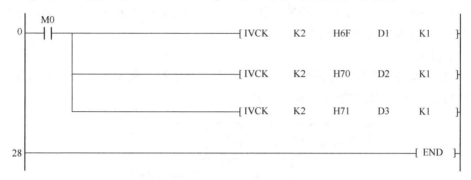

图 8.15 【例 8.1】通信控制程序

程序分析：在 M0 接通时，将连接在 CH1 中的 2 号变频器的输出频率值送入 PLC 的 D1 数据存储单元中；将 2 号变频器的输出电流值送入 PLC 的 D2 数据存储单元中；将 2 号变频器的输出电压值送入 PLC 的 D3 数据存储单元中。

【例 8.2】试编写 1 号变频器的运行状态监视程序。

根据【例 8.2】的要求，编写运行状态监视程序如图 8.16 所示。

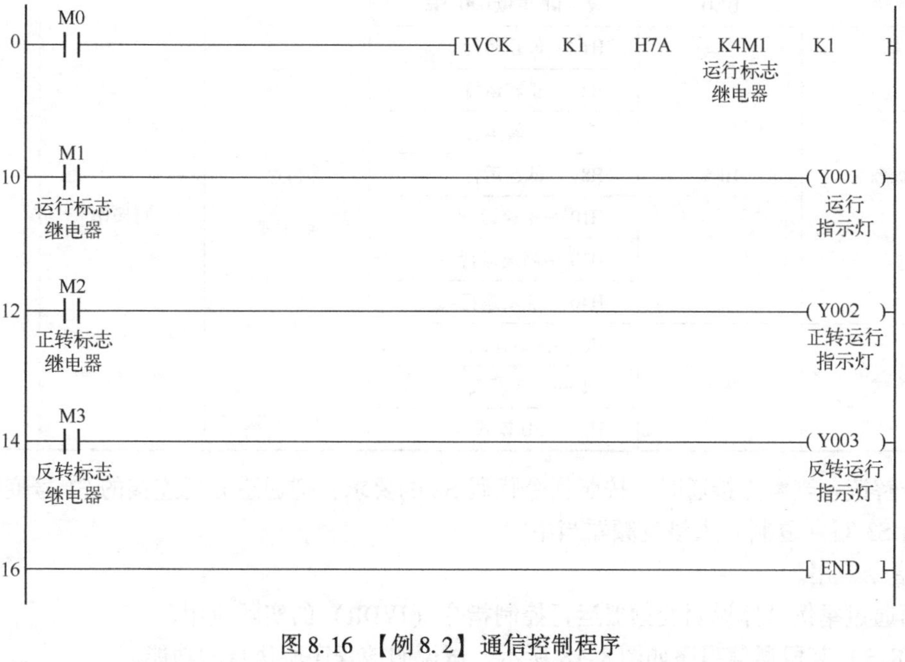

图 8.16 【例 8.2】通信控制程序

程序分析：在 M0 接通时，将连接在 CH1 中的 1 号变频器的运行状态信息送到 PLC 的 K4M1 组合位元件中；如果 M1 接通，说明 1 号变频器正处在运行状态，输出继电器 Y1 得电，驱动运行指示灯点亮；如果 M1 和 M2 接通，说明 1 号变频器正处在正转运行状态，输出继电器 Y1 和 Y2 得电，驱动运行指示灯和正转指示灯点亮；如果 M1 和 M3 接通，说明 1 号变频器正处在反转运行状态，输出继电器 Y1 和 Y3 得电，驱动运行指示灯和反转指示灯点亮。

（2）变频器运行状态的控制

PLC 采用通信方式对变频器的运行状态（正转、反转、点动、停止等）进行控制，这种操作称为运行控制。为方便完成运行控制任务，三菱 FX$_{3G}$ 系列 PLC 提供了变频器运行状态控制专用指令，该指令助记符为 IVDR，代码为 FNC271。

① 指令说明。

指令功能：将控制变频器运行所需要的设定值从 PLC 写（复制）入变频器，其指令格式如图 8.17 所示，指令操作说明如表 8.3 所示。

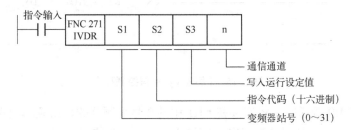

图 8.17 运行控制指令 IVDR 的格式

表 8.3 IVDR 指令操作说明

读取内容（目标参数）	指令代码	操作数释义	通信方向	操作形式	通道号
设定频率值	HED	设定值 单位 0.01Hz	PLC↓变频器	写操作	CH1↓K1
设定运行状态	HFA	H1 → 停止运行			
		H2 → 正转运行			
		H4 → 反转运行			
		H8 → 低速运行			
		H10 → 中速运行			
		H20 → 高速运行			
		H40 → 点动运行			
设定运行模式	HFB	H0 → 网络模式			
		H1 → 外部模式			
		H2 → PU 模式			

指令解读：当触点接通时，按照指令代码 S2 的要求，把通道 n 所连接的 S1 号变频器的运行设定值 S3 写（复制）入该变频器当中。

② 指令应用。

下面通过举例具体说明变频器运行控制指令（IVDR）的实际应用。

【例 8.3】某段通信程序如图 8.18 所示，试说明该程序所执行的功能。

程序分析：当 X0 接通时，控制 CH1 中的 0 号变频器正转运行，运行频率为 30Hz；当 X1 接通时，控制 2 号变频器停止运行。

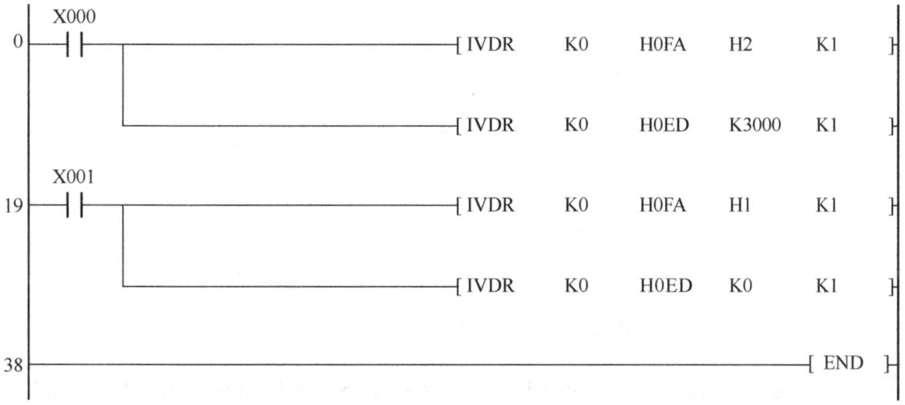

```
     X000
 0 ───┤├────────────────────────────┤IVDR   K0    H0FA    H2    K1├
      │
      └────────────────────────────┤IVDR   K0    H0ED   K3000  K1├

     X001
19 ───┤├────────────────────────────┤IVDR   K0    H0FA    H1    K1├
      │
      └────────────────────────────┤IVDR   K0    H0ED    K0    K1├

38 ──────────────────────────────────────────────────────┤END├
```

图 8.18 【例 8.3】通信控制程序

【例 8.4】控制要求：按钮 X0 控制 1 号变频器正转运行、控制 2 号变频器反转运行；按钮 X1 控制 1 号和 2 号变频器停止运行；且两台变频器运行速度要保持同步。试编写控制程序。

根据【例 8.4】控制要求，编写控制程序如图 8.19 所示。

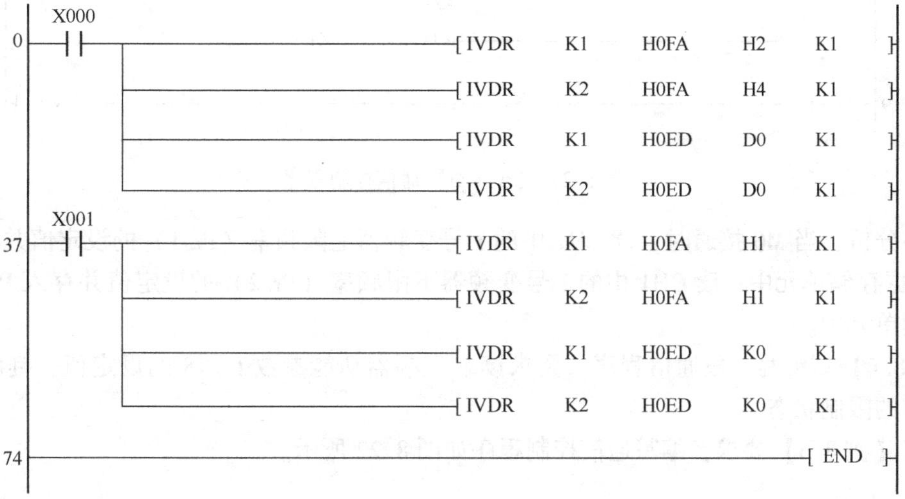

```
     X000
 0 ───┤├────────────────────────────┤IVDR   K1    H0FA    H2    K1├
      │
      ├────────────────────────────┤IVDR   K2    H0FA    H4    K1├
      │
      ├────────────────────────────┤IVDR   K1    H0ED    D0    K1├
      │
      └────────────────────────────┤IVDR   K2    H0ED    D0    K1├

     X001
37 ───┤├────────────────────────────┤IVDR   K1    H0FA    H1    K1├
      │
      ├────────────────────────────┤IVDR   K2    H0FA    H1    K1├
      │
      ├────────────────────────────┤IVDR   K1    H0ED    K0    K1├
      │
      └────────────────────────────┤IVDR   K2    H0ED    K0    K1├

74 ──────────────────────────────────────────────────────┤END├
```

图 8.19 【例 8.4】通信控制程序

程序分析：当 X0 接通时，CH1 中的 1 号变频器正转运行，2 号变频器反转运行；变频器输出频率的设定值从 PLC 的 D0 存储单元中获取。当 X1 接通时，两台变频器停止运行，D0 存储单元中的频率设定值被清零。

（3）变频器参数的读取

PLC 采用通信方式对变频器参数（上限频率、下限频率、加速时间、减速时间、载波频率、运行模式等）的设定值进行读取，这种操作称为参数读取。为了方便完成参数读取任务，三菱 FX_{3G} 系列 PLC 提供了变频器参数读取指令，该指令的助记符为 IVRD，代码为 FNC272。

① 指令说明。

指令功能：将变频器功能参数的设定值从变频器读（复制）到 PLC，其指令格式如

图 8.20 所示。

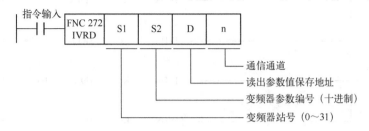

图 8.20 参数读取指令 IVRD 的格式

指令解读：当触点接通时，PLC 向通道 n 所连接的 S1 号变频器读取 S2 参数的设定值，并把该值存入 PLC 的数据存储单元 D 中。

② 指令应用。

下面通过举例具体说明变频器参数读取指令（IVRD）的实际应用。

【例 8.5】某段通信程序如图 8.21 所示，试说明该程序所执行的功能。

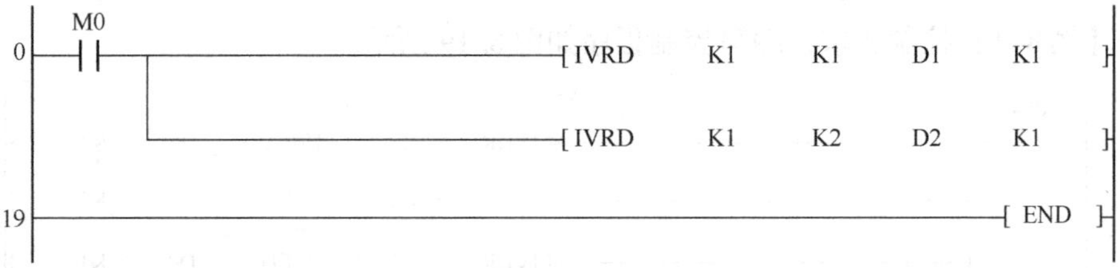

```
     M0
0 ───┤├─────────────────────┤ IVRD  K1   K1   D1   K1 ├

                           ─┤ IVRD  K1   K2   D2   K1 ├

19 ─────────────────────────────────────────────── [ END ]
```

图 8.21 【例 8.5】通信控制程序

程序分析：当 M0 接通时，读 CH1 中的 1 号变频器上限频率（Pr.1）的设定值并存入 PLC 的 D1 数据存储单元中；读 CH1 中的 1 号变频器下限频率（Pr.2）的设定值并存入 PLC 的 D2 数据存储单元中。

【例 8.6】试编写一段通信程序，要求读取变频器功能参数 Pr.78 的设定值，判断电动机旋转方向的限制状态。

根据【例 8.6】要求，编写通信控制程序如图 8.22 所示。

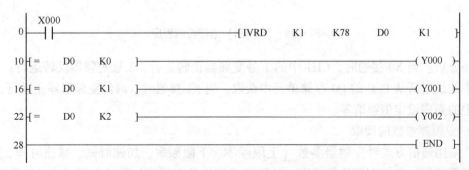

图 8.22 【例 8.6】通信控制程序

程序分析：当 X0 接通时，如果发现 Y0 指示灯点亮，则说明允许电动机作正/反转运行；如果发现 Y1 指示灯点亮，则说明只允许电动机作正转运行；如果发现 Y2 指示灯点亮，则说明只允许电动机作反转运行。

(4) 变频器参数的写入

PLC 采用通信方式对变频器参数的设定值进行写入，这种操作称为参数写入。例如，写入加速时间的设定值、修改点动频率的设定值、设定参数写保护等。为了方便完成参数写入任务，三菱 FX$_{3G}$ 系列 PLC 提供了变频器参数写入指令，该指令的助记符为 IVWR，代码为 FNC273。

① 指令说明。

指令功能：将变频器一个参数的设定值从 PLC 写（复制）入变频器，其指令格式如图 8.23 所示。

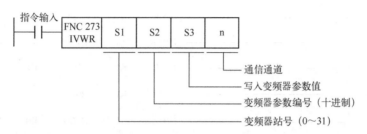

图 8.23　参数写入指令 IVWR 的格式

指令解读：当触点接通时，PLC 向通道 n 所连接的 S1 号变频器写入 S2 参数的设定值。

② 指令应用

下面通过举例具体说明变频器参数的写入指令（IVWR）的实际应用。

【例 8.7】 某段通信程序如图 8.24 所示，试说明该程序所执行的功能。

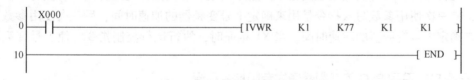

图 8.24　【例 8.7】通信控制程序

程序分析：当 X0 接通时，1 号变频器功能参数 Pr.77 的设定值被写为 1，使变频器处于参数写保护状态。

【例 8.8】 控制要求：读 6 号变频器点动频率（Pr.15）的设定值；如果该值不为 10Hz，则将其修改为 10Hz，试编写点动频率（Pr.15）设定值的读取、判断及修改程序。

根据【例 8.8】控制要求，编写通信控制程序如图 8.25 所示。

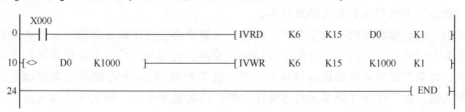

图 8.25　【例 8.8】通信控制程序

程序分析：首先执行参数读取指令，读 CH1 中的 6 号变频器点动频率（Pr.15）的设定值并存入 PLC 的 D0 存储单元中；然后将 D0 存储单元中存放的点动频率设定值与 10Hz 相比较，如果不相等，则执行参数写入指令，将 Pr.15 的设定值修改为 10Hz。

【例 8.9】控制要求：当按下启动按钮 X0 时，1 号变频器正转运行、运行频率为 25Hz、加速时间为 8s、减速时间为 10s；按钮 X1 控制 1 号变频器停止运行，试编写 1 号变频器的通信控制程序。

根据【例 8.9】控制要求，编写通信控制程序如图 8.26 所示。

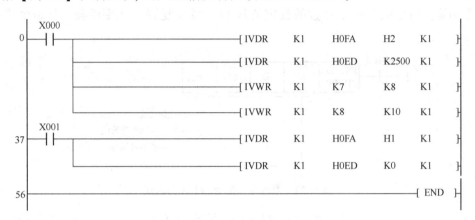

图 8.26 【例 8.9】通信控制程序

程序说明：当 X0 接通时，执行两次运行控制指令，前一次使用控制指令是用来确定 1 号变频器的旋转方向，后一次使用控制指令是用来确定 1 号变频器的运行频率。执行两次参数写入指令，前一次使用参数写入指令是用来确定 1 号变频器的加速时间，后一次使用参数写入指令是用来确定 1 号变频器的减速时间。当 X1 接通时，执行运行控制指令，使 1 号变频器停止运行。

3. 三菱 FX_{3U} 系列 PLC 的变频器通信专用指令介绍

三菱 FX_{3U} 系列 PLC 的变频器通信专用指令与三菱 FX_{3G} 系列相比，不仅保留了 FX_{3G} 系列已有的 4 条指令，而且还增加了 1 条新指令。因为 FX_{3G} 系列的参数写入指令在每次执次时，只允许写入一个参数值，所以在需要一次写入多个参数的情况下，使用该指令就显得力不从心。为此，三菱 PLC 在 FX_{3U} 系列中为 FR-A700 变频器推出了参数成批写入指令。该指令不仅可以一次写入多个参数值，而且连参数的编号也不需要连续。在参数成批写入时，只需将参数的编号和参数的写入值依次存入 PLC 指定的存储区中即可，在 PLC 执行完该指令以后，各参数的写入值就会写入到变频器对应的参数中。

在使用变频器参数成批写入指令时，每一个参数都必须占用两个存储单元，并且这两个存储单元是有专门分工的，前一个存储单元用来存储参数的编号，后一个存储单元用来存储参数的写入值。如果需要对 n 个参数进行写入，那么就需要使用 2n 个存储单元来存储对应的参数编号和写入值。由于这些存储单元是连续排列的，因此就形成了一张关于参数成批写入的参数表，如表 8.4 所示。

表 8.4 参数成批写入参数表

存储器对应关系	描述	示范举例	
S3→Dn	参数编号 1	操作要求：设定 Pr.1 的参数值为 50Hz	（D200）=1
S3+1→Dn+1	参数编号 1 的写入值		（D201）=50
S3+2→Dn+2	参数编号 2	操作要求：设定 Pr.2 的参数值为 10Hz	（D202）=2
S3+3→Dn+3	参数编号 2 的写入值		（D203）=10
S3+4→Dn+4	参数编号 3	操作要求：设定 Pr.7 的参数值为 6s	（D204）=7
S3+5→Dn+5	参数编号 3 的写入值		（D205）=6
S3+6→Dn+6	参数编号 4	操作要求：设定 Pr.8 的参数值为 9s	（D206）=8
S3+7→Dn+7	参数编号 4 的写入值		（D207）=9

（1）变频器参数成批写入指令 IVBWR（FNC274）

指令功能：将变频器多个参数的设定值从 PLC 写（复制）入变频器，其指令格式如图 8.27 所示。

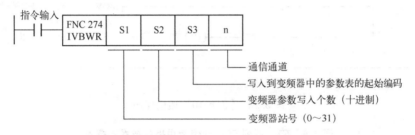

图 8.27 参数成批写入指令 IVBWR 的格式

指令解读：当触点接通时，PLC 向通道 n 所连接的 S1 号变频器写入以 S3 为首址的参数表内的 S2 个设定值。

【注意】

变频器参数成批写入指令在使用时，一定是指令的初始化在前，而指令的执行在后，也就是在执行该指令之前应将相应参数表内容存储到存储区中，然后才能执行该指令。

（2）变频器参数成批写入指令的应用

下面通过举例说明变频器参数成批写入指令（IVBWR）的实际应用。

【例 8.10】 某段通信程序如图 8.28 所示，试说明该程序所执行的功能。

程序功能分析：当 M0 接通时，0 号变频器参数 1（上限频率）的编号存入 D200 存储单元、参数 1 的写入值（50Hz）存入 D201 存储单元；参数 2（下限频率）的编号存入 D202 存储单元、参数 1 的写入值（10Hz）存入 D203 存储单元；参数 7（加速时间）的编号存入 D204 存储单元、参数 1 的写入值（6s）存入 D205 存储单元；参数 8（减速时间）的编号存入 D206 存储单元、参数 8 的写入值（9s）存入 D207 存储单元；在 PLC 执行完 IVBWR 指令后，各参数的写入值就会写入到变频器对应的参数中。

4. 三菱 FX_{2N} 系列 PLC 的变频器通信专用指令介绍

上述变频器通信专用指令仅支持 FX_{3G} 和 FX_{3U} 系列机型产品，不支持 FX_{2N} 系列老机型 PLC 产品。针对市场占有率极高的 FX_{2N} 系列 PLC，为弥补这个缺陷，三菱生产商推出了一个补充程序的 ROM 盒，使 FX$_{2N}$ 系列 PLC 也能使用变频器专用指令进行通信控制。需要注意的是，这个 ROM 盒只对 2001 年 5 月以后生产的 FX$_{2N}$ 机型提供支持，因此，在使用前必须首先检查 PLC 的型号、生产编号和编程软件的版本，确定其是否在技术支持的范围内，如表 8.5 所示。

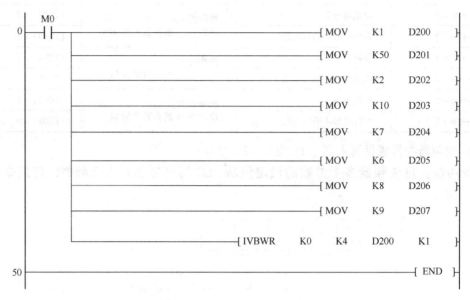

图 8.28 【例 8.10】通信程序

表 8.5 FX$_{2N}$ 系列 PLC 通信专用指令技术支持表

机型支持		FX$_{2N}$ FX$_{2NC}$	
硬件支持		ROM 盒（FX$_{2N}$ - ROM - E1）+ 通信板（FX$_{2N}$ - 485BD）	
软件支持	机型	FX$_{2N}$ FX$_{2NC}$	Ver3.00 以上
	编程软件	GX Developer	Ver7.00 以上

FX$_{2N}$ 系列 PLC 与变频器之间采用 EXTR（FNC180）指令进行通信。根据数据通信的方向可分为 4 种类型，如表 8.6 所示。

表 8.6 EXTR 指令说明

指令	编号	操作功能	通信方向
EXTR	K10	变频器运行监视	PLC←变频器
	K11	变频器运行控制	PLC→变频器
	K12	变频器参数读出	PLC←变频器
	K13	变频器参数写入	PLC→变频器

（1）变频器运行监视指令介绍

EXTR K10 与 IVCK 指令类似，其指令格式如图 8.29 所示。

使用 EXTR K10 替换 IVCK 指令编写的【例 8.2】通信控制程序如图 8.30 所示。

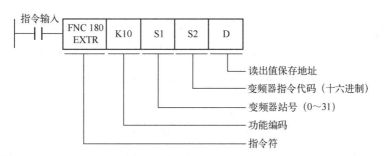

图 8.29 EXTR K10 指令的格式

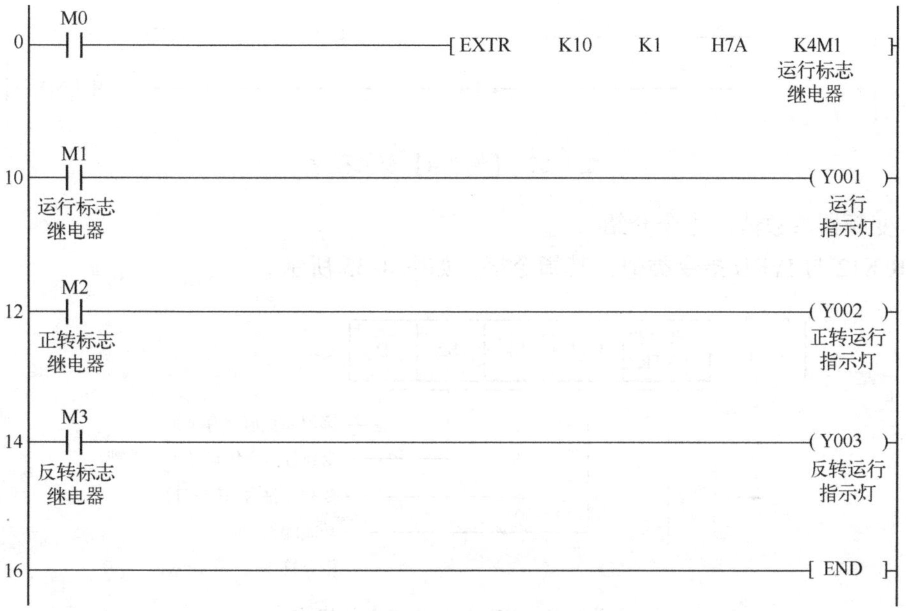

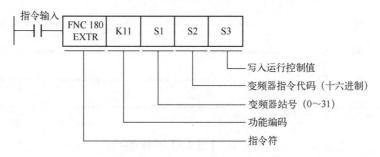

图 8.30 【例 8.2】替换程序

(2) 变频器运行控制指令介绍

EXTR K11 与 IVDR 指令类似，其指令格式如图 8.31 所示。

图 8.31 EXTR K11 指令的格式

使用 EXTR K11 替换 IVDR 指令编写的【例 8.4】通信控制程序如图 8.32 所示。

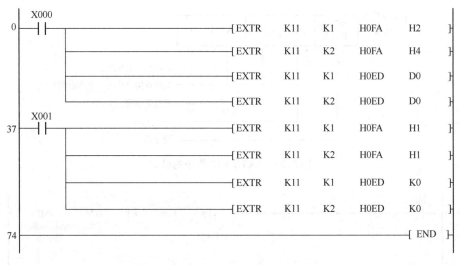

图 8.32 【例 8.4】替换程序

(3) 变频器参数读出指令介绍

EXTR K12 与 IVRD 指令类似，其指令格式如图 8.33 所示。

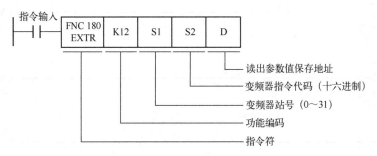

图 8.33 EXTR K12 指令的格式

使用 EXTR K12 替换 IVRD 指令编写的【例 8.6】通信控制程序如图 8.34 所示。

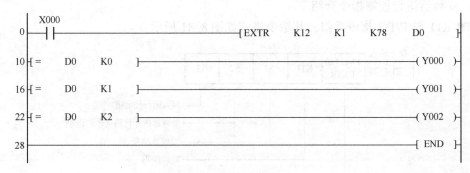

图 8.34 【例 8.6】替换程序

(4) 变频器参数写入指令介绍

EXTR K13 与 IVWR 指令类似，其指令格式如图 8.35 所示。

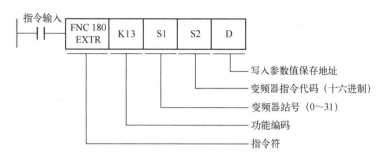

图 8.35　EXTR K13 指令的格式

使用 EXTR K13 替换 IVWR 指令编写的【例 8.8】通信控制程序如图 8.36 所示。

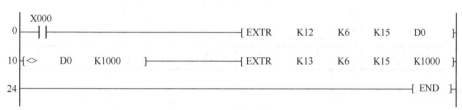

图 8.36　【例 8.8】替换程序

5. 通信指令的应用问题

变频器通信专用指令在实际应用中应注意以下几个问题。

(1) 通信时序问题

当变频器通信专用指令的驱动条件处于上升沿时，通信开始执行。通信执行后，即使驱动条件关闭，通信也会自行执行完毕。因此，对于单条通信指令的驱动条件只需要一个边沿脉冲触发即可。如果驱动条件一直为 ON 状态，则执行反复通信。

在三菱 FX 系列 PLC 中有一个标号为 M8029 的特殊功能继电器，该继电器作为通信结束标志继电器，当一个变频器通信指令执行完毕后，M8029 变为 ON，且保持一个扫描周期。

(2) 同时驱动问题

在同时驱动多条变频器通信专用指令时，为避免发生通信错误，可以通过编程的方式来处理这个问题。如图 8.37 所示，在全部指令通信完成前，务必保持触发条件为 ON，一直到全部通信结束，然后再利用 M8029 将触发条件复位。

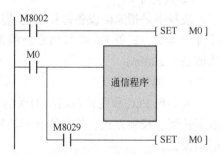

图 8.37　同时驱动的编程处理程序

(3) 流程禁用问题

变频器通信专用指令不可以在跳转程序、循环程序、子程序和中断程序中使用。

6. 通信设置

PLC 与变频器之间的通信采用的是异步通信方式，即发送方可以在任意时刻传送数据，而且前后两次发送的时间间隔还可以是不固定的，这种通信方式的特点是简单可靠、成本低、容易实现。PLC 与变频器要想实现通信，还必须对 PLC 和变频器的通信参数进行设置。这种所谓的设置,其实就是把通信格式的内容分别写入或设置到通信设备当中,这样就在通信设备之间建立起了通信的基础。

(1) 通信基础知识

① 字符。

通信数据是由若干个字符组成的,而每一个字符又是由起始位、数据位、校验位和停止位组成的,如图 8.38 所示。

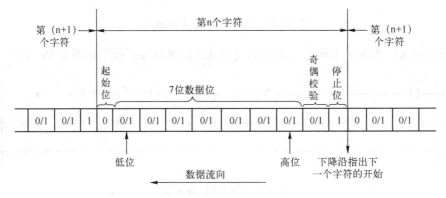

图 8.38 字符数据的格式

起始位:起始位是一个字符信息的开始,位长为 1,占用 1 个比特位。

数据位:数据位所存放的数据是真正要传送的内容,位长度可以是 5 位、6 位、7 位、8 位。三菱 FX 系列 PLC 通信时,数据位占用 7 个比特位。

校验位:校验位是专门为检验数据传送的正确性而设置的。三菱 FX 系列 PLC 与变频器通信数据的校验常用偶校验方式。

停止位:停止位是一个字符信息的结束,位长可以是 1 位、1.5 位、2 位。三菱 FX 系列 PLC 通信时,停止位占用 1 个比特位。

② 波特率。

波特率是指通信设备每秒所能传送的二进制位数,其单位为 bps。波特率越高,数据传输速度就越快。三菱 FX 系列 PLC 波特率的默认值是 9600bps,FR - A700 系列变频器波特率的默认值是 19200bps。

(2) 通信设置

为实现 PLC 和变频器之间的通信,通信双方需要有一个"约定",使得通信双方在字符的数据长度、校验方式、停止位长和波特率等方面能够保持一致,而进行"约定"的过程就是通信设置。

当进行通信设置时,首先要了解变频器的通信参数,并对其进行通信参数设置,即确定数据长度、校验方式、停止位长和波特率,而 PLC 的通信设置内容则由变频器的通信设置来决定。三菱 FX 系列 PLC 通信参数的设置如图 8.39 所示;三菱变频器通信参数的设置如表 8.7 所示。

任务 8　PLC RS-485 通信控制变频器运行操作训练

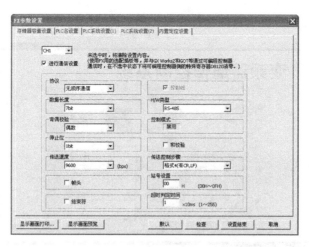

图 8.39　三菱 FX 系列 PLC 通信参数的设置

表 8.7　变频器通信参数设置

参数编号	设定内容	单位	初始值	设定值	数据内容描述
Pr. 331	站号选择	1	0	0～31	两台以上需设站号
Pr. 332	波特率	1	96	96	选择通信速率，波特率=9600bps
Pr. 333	停止位长	1	1	10	数据位长=7位、停止位长=1位
Pr. 334	校验选择	1	2	2	选择偶校验方式
Pr. 335	再试次数	1	1	1	设定发生接收数据错误时的再试次数容许值
Pr. 336	校验时间	0.1	0	9999	选择校验时间
Pr. 337	通信等待	1	9999	9999	设定向变频器发送数据后信息返回的等待时间
Pr. 338	通信运行指令权	1	0	0	选择启动指令权通信
Pr. 339	通信速度指令权	1	0	0	选择频率指令权通信
Pr. 341	CR/LF 选择	1	1	1	选择有 CR、LF
Pr. 79	运行模式选择	1	0	0	外部/PU 切换模式

【任务实施】

1. 实训器材

① 变频器，型号为 FR-A740-0.75K-CHT，1 台/组。

② PLC，型号为 FX_{3G}-32M，1 个/组。

③ RS-485 通信模块，型号为 FX_{3G}-485-BD，1 块/组。

④ 触摸屏，型号为昆仑通态 TPC1163KX，1 个/组。

⑤ 三相异步电动机，型号为 A05024，1 台/组。

⑥ 维修电工常用仪表和工具，1 套/组。

⑦ 按钮，型号为施耐德 ZB2-BE101C（不带自锁），2 个（绿色、红色）/组。

⑧ 对称三相交流电源，线电压为 380V，1 个/组。

2. 实训步骤

课题 1　PLC 通信方式控制单台变频器单向连续运行

（1）控制要求

通信方式控制单台变频器运行的组态画面如图 8.40 所示。

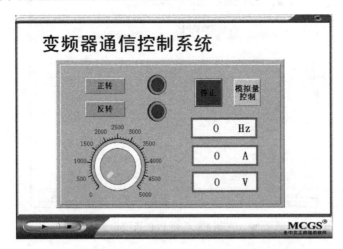

图 8.40　通信方式控制单台变频器运行的组态画面

基本要求：
① 根据 RS－485 通信控制要求，分别对 PLC 和变频器进行通信设置。
② 编写 RS－485 通信控制程序，采用通信方式将变频器的工作模式设定为 NET 模式。
③ 当点动按压启动按钮时，PLC 控制变频器以 25 Hz 固定频率单向（正转）运行。
④ 当点动按压停止按钮时，PLC 控制变频器停止运行。
⑤ 对变频器的运行参数（输出频率、输出电流和输出电压）进行实时监视。

进阶要求：
① 对变频器的运行方向进行选择。
② 对变频器的预置频率进行调整。
③ 对变频器的输出频率进行精细调节。

（2）控制系统设计

根据课题 1 的控制要求，编制 PLC 的 I/O 地址分配表，如表 8.8 所示；设计控制系统硬件接线图，如图 8.41 所示；设计控制系统软件梯形图，如图 8.42 所示。

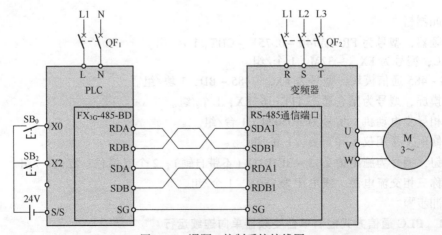

图 8.41　课题 1 控制系统接线图

任务 8 PLC RS-485 通信控制变频器运行操作训练

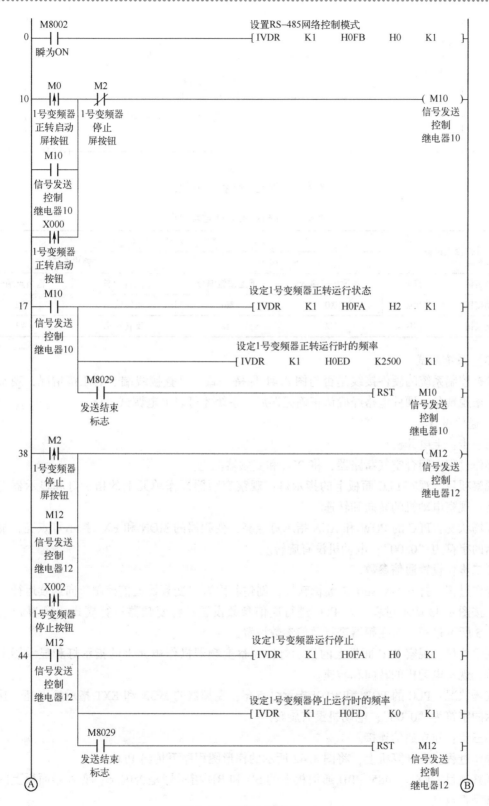

图 8.42 课题 1 程序之一

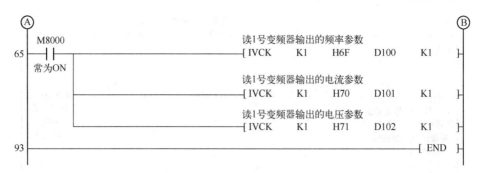

图 8.42 课题 1 程序之一（续）

表 8.8 控制系统 I/O 地址分配

外部输入设备		PLC			
		输入端子		输出端子	
设备名称	符号	外设按钮编号	屏上按钮编号	运行状态	输出点编号
启动按钮	SB_0	X0	M0	正转输出	Y2
停止按钮	SB_2	X2	M2	反转输出	Y3

（3）系统调试

检查控制系统的硬件接线是否与图 8.41 保持一致，检查接线端子的压接情况，观察接线是否有松脱现象。硬件电路经确认正确无误后，系统才可以上电调试运行。

① 通信设置。

第一步：上电开机。

操作过程：闭合空气断路器，将 PLC 和变频器上电。

观察项目：观察 PLC 面板上的指示灯；观察变频器操作单元上的指示灯和显示器上显示的字符；观察电动机的转向和转速。

现场状况：PLC 的 POW 和 RUN 指示灯点亮；变频器的 MON 和 EXT 指示灯点亮，显示器上显示的字符为 "0.00"；电动机没有旋转。

第二步：设置通信参数。

操作过程：打开 GX works2 编辑软件，创建名称为 "变频器通信控制单向连续运行" 的新文件；按图 8.43 所示过程，对 PLC 进行通信参数设置；将变频器运行模式切换为 PU 状态，按图 5.5 所示过程，对变频器进行通信参数设置。

观察项目：观察 PLC 面板上的指示灯；观察变频器操作单元上的指示灯和显示器上显示的字符；观察电动机的转向和转速。

现场状况：PLC 的 POW 和 RUN 指示灯点亮；变频器的 MON 和 EXT 指示灯点亮，显示器上显示的字符为 "0.00"；电动机没有旋转。

第三步：建立通信连接。

操作过程：在计算机上，将图 8.42 所示的梯形图程序下传给 PLC。

观察项目：FX_{3G}-485-BD 通信板上的 SD 和 RD 指示灯是否闪烁；变频器面板上的 NET 指示灯是否点亮。

现场状况：PLC 的 POW 和 RUN 指示灯点亮，SD 和 RD 指示灯闪烁；变频器的 MON 和

NET 指示灯点亮，显示器上显示的字符为"0.00"；电动机没有旋转。

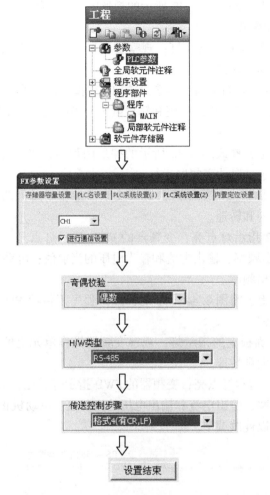

图 8.43　PLC 通信参数的设置过程

② 功能调试。

第一步：启动变频器运行。

操作过程：点动按压外设的正转按钮或触摸屏上的正转按钮，启动单向（正转）运行。

观察项目：观察 PLC 面板上的指示灯；观察变频器操作单元上的指示灯和显示器上显示的字符；观察电动机的转向和转速。

现场状况：PLC 的 Y2 指示灯点亮；变频器的 FWD 指示灯点亮，显示器上显示的字符为"25.00"；触摸屏显示输出频率、输出电流和输出电压的当前值；电动机正向旋转。

第二步：停止变频器运行。

操作过程：点动按压外设的停止按钮或触摸屏上的停止按钮，停止变频器运行。

观察项目：观察 PLC 面板上的指示灯；观察变频器操作单元上的指示灯和显示器上显示的字符；观察电动机的转向和转速。

现场状况：PLC 的 Y2 指示灯熄灭；变频器的 FWD 指示灯熄灭，显示器上显示的字符为"0.00"；触摸屏显示当前的各项输出值均为 0；电动机停止旋转。

第三步：选择运行方向。

操作过程：在计算机上，修改图 8.42 所示的梯形图程序，将运行方向的设定值由 H2 更改为 H4，下传新程序，启动变频器运行。

观察项目：观察 PLC 面板上的指示灯；观察变频器操作单元上的指示灯和显示器上显示的字符；观察电动机的转向和转速。

现场状况：PLC 的 Y3 指示灯点亮；变频器的 REV 指示灯点亮，显示器上显示的字符为"25.00"；触摸屏显示输出频率、输出电流和输出电压的当前值；电动机反向旋转。

第四步：选择运行频率。

操作过程：在计算机上，修改图 8.42 所示的梯形图程序，将运行频率的设定值由 K2500 更改为 K4000，下传新程序，启动变频器运行。

观察项目：观察 PLC 面板上的指示灯；观察变频器操作单元上的指示灯和显示器上显示的字符；观察电动机的转向和转速。

现场状况：PLC 的 Y2 指示灯点亮；变频器的 FWD 指示灯点亮，显示器上显示的字符为"40.00"；触摸屏显示输出频率、输出电流和输出电压的当前值；电动机正向旋转。

第五步：精细调节输出频率。

操作过程：在计算机上，将图 8.44 所示的梯形图程序下传给 PLC；启动变频器运行，旋转触摸屏上的速度调节旋钮。

观察项目：观察 PLC 面板上的指示灯；观察变频器操作单元上的指示灯和显示器上显示的字符；观察电动机的转向和转速。

现场状况：PLC 的 Y2 指示灯点亮；变频器的 FWD 指示灯点亮，显示器上显示的字符为当前值；触摸屏显示输出频率、输出电流和输出电压的当前值；电动机正向旋转。变频器的输出频率和电动机的转速均可以连续调节。

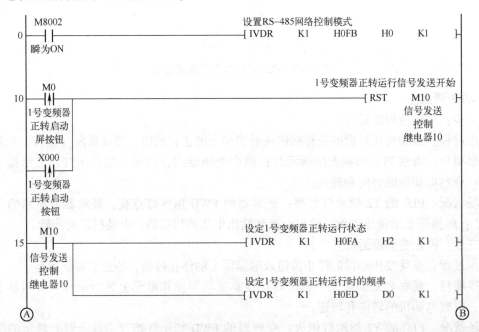

图 8.44 课题 1 程序之二

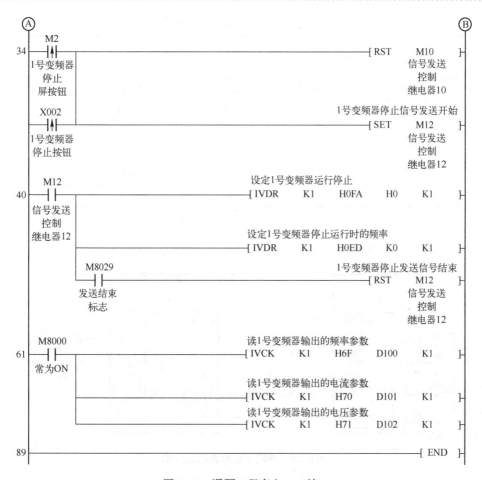

图 8.44 课题 1 程序之二（续）

课题 2　PLC 通信方式控制单台变频器正反转连续运行

（1）控制要求

基本要求：

① 当点动按压正转按钮时，PLC 控制变频器以 30Hz 固定频率正转运行。

② 当点动按压反转按钮时，PLC 控制变频器以 20Hz 固定频率反转运行。

③ 当点动按压停止按钮时，PLC 控制变频器停止运行。

④ 对变频器的输出频率进行精细调节。

进阶要求：

① 对变频器的正转或反转运行状态可以直接切换，实现"正—反—停"控制。

② 对变频器的运行参数（输出频率、输出电流和输出电压）进行实时监视。

③ 对变频器的运行状态（在线运行、正转运行、反转运行）进行实时监视。

（2）控制系统设计

根据课题 2 的控制要求，编制 PLC 的 I/O 地址分配表，如表 8.9 所示；设计控制系统硬件接线图，如图 8.45 所示；设计控制系统软件梯形图，如图 8.46 所示。

表 8.9 控制系统 I/O 地址分配

外部输入设备		PLC			
		输入端子		输出端子	
设备名称	符号	外设按钮编号	屏上按钮编号	运行状态	输出点编号
正转按钮	SB_0	X0	M0	正转输出	Y002
反转按钮	SB_1	X1	M1	反转输出	Y003
停止按钮	SB_2	X2	M2	运行指示灯	Y015
				正转指示灯	Y011
				反转指示灯	Y012

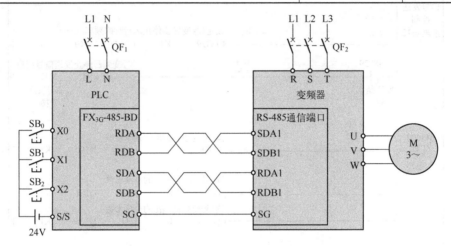

图 8.45 课题 2 控制系统接线图

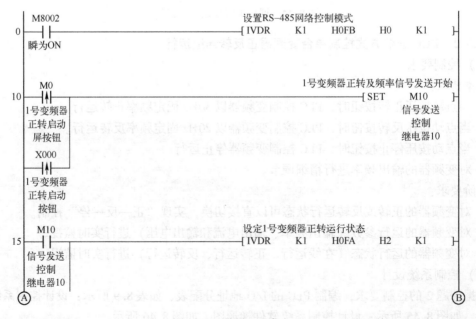

图 8.46 课题 2 程序之一

任务 8 PLC RS-485 通信控制变频器运行操作训练

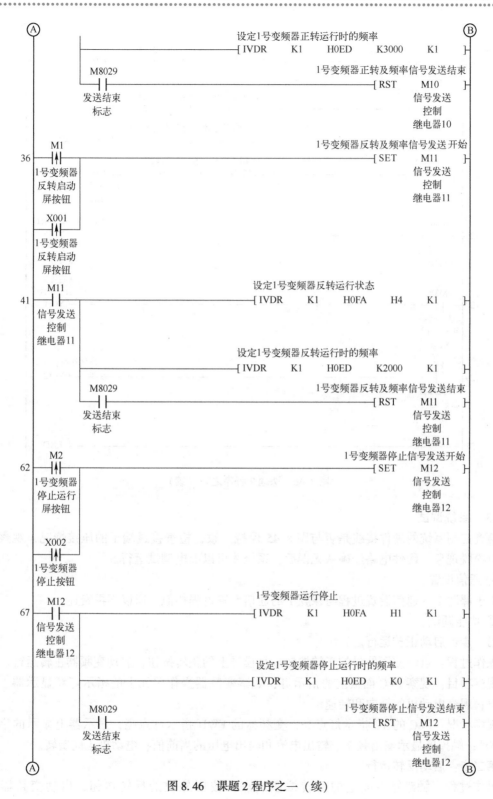

图 8.46 课题 2 程序之一（续）

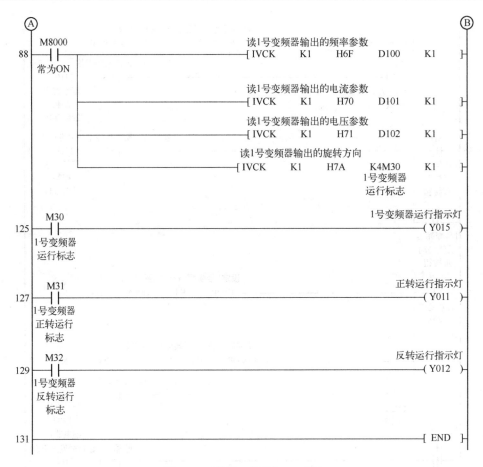

图 8.46　课题 2 程序之一（续）

（3）系统调试

检查控制系统的硬件接线是否与图 8.45 保持一致，检查接线端子的压接情况，观察接线是否有松脱现象。硬件电路经确认无误后，系统才可以上电调试运行。

① 通信设置。

由于课题 2 的通信设置过程与课题 1 的通信设置过程相似，所以不再赘述。

② 功能调试。

第一步：启动正转运行。

操作过程：点动按压外设的正转按钮或触摸屏上的正转按钮，启动变频器正转运行。

观察项目：观察 PLC 面板上的指示灯；观察变频器操作单元上的指示灯和显示器上显示的字符；观察电动机的转向和转速。

现场状况：PLC 的 Y2 指示灯点亮；变频器的 FWD 指示灯点亮，显示器上显示的字符为"30.00"；触摸屏显示输出频率、输出电流和输出电压的当前值；电动机正向旋转。

第二步：启动反转运行。

操作过程：触碰触摸屏上的反转按钮或点动按压外设的反转按钮，启动变频器反转运行。

观察项目：观察 PLC 面板上的指示灯；观察变频器操作单元上的指示灯和显示器上显示

的字符；观察电动机的转向和转速。

现场状况：PLC 的 Y3 指示灯点亮；变频器的 REV 指示灯点亮，显示器上显示的字符为"20.00"；触摸屏显示输出频率、输出电流和输出电压的当前值；电动机反向旋转。

第三步：停止运行。

操作过程：触碰触摸屏上的停止按钮或点动按压外设的停止按钮，停止变频器运行。

观察项目：观察 PLC 面板上的指示灯；观察变频器操作单元上的指示灯和显示器上显示的字符；观察电动机的转向和转速。

现场状况：PLC 的 Y3 指示灯熄灭；变频器的 REV 指示灯熄灭，显示器上显示的字符为"0.00"；触摸屏显示输出频率、输出电流和输出电压的当前值；电动机停止旋转。

第四步：输出频率精细调节。

操作过程：将图 8.47 所示的梯形图程序下传给 PLC；启动变频器正转运行，旋转触摸屏上的速度调节旋钮。

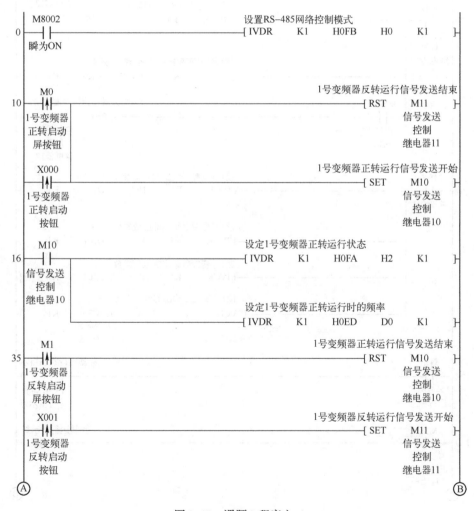

图 8.47 课题 2 程序之二

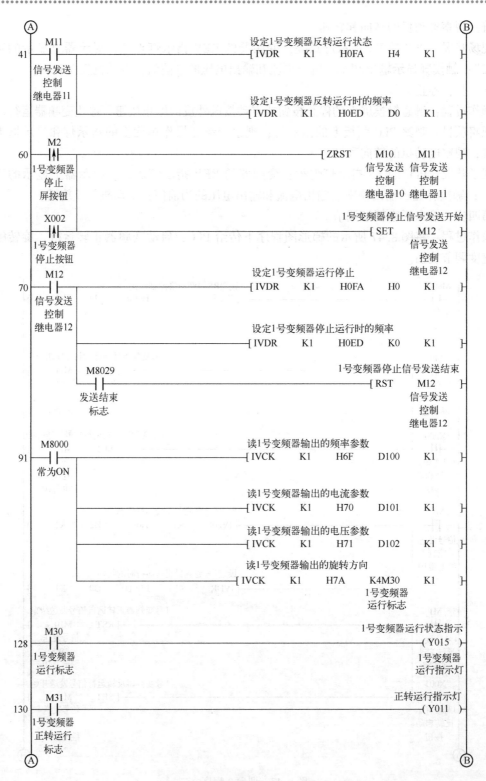

图 8.47 课题 2 程序之二（续）

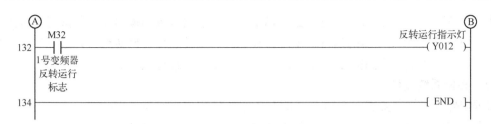

图 8.47　课题 2 程序之二（续）

观察项目：观察 PLC 面板上的指示灯；观察变频器操作单元上的指示灯和显示器上显示的字符；观察电动机的转向和转速。

现场状况：PLC 的 Y2 指示灯点亮；变频器的 FWD 指示灯点亮，显示器上显示的字符为当前值；触摸屏显示输出频率、输出电流和输出电压的当前值；电动机正向旋转。结论是变频器的输出频率和电动机的转速均可以连续调节。

第五步：停止变频器运行。

操作过程：触碰触摸屏上的停止按钮或点动按压外设的停止按钮，停止变频器运行。

观察项目：观察 PLC 面板上的指示灯；观察变频器操作单元上的指示灯和显示器上显示的字符；观察电动机的转向和转速。

现场状况：PLC 的 Y3 指示灯熄灭；变频器的 REV 指示灯熄灭，显示器上显示的字符为"0.00"；触摸屏显示输出频率、输出电流和输出电压的当前值；电动机停止旋转。

课题 3　PLC 通信方式控制两台变频器正反转连续运行

（1）控制要求

通信方式控制两台变频器运行的组态画面如图 8.48 所示。

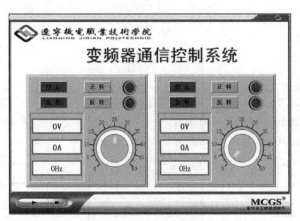

图 8.48　通信方式控制两台变频器运行的组态画面

要求：

① 当点动按压 1 号变频器的正转或反转启动按钮时，PLC 控制 1 号变频器以预置频率值正转或反转运行；当点动按压 1 号变频器的停止按钮时，PLC 控制 1 号变频器停止运行。

② 当点动按压 2 号变频器的正转或反转启动按钮时，PLC 控制 2 号变频器以预置频率值正转或反转运行；当点动按压 2 号变频器的停止按钮时，PLC 控制 2 号变频器停止运行。

③ 对 1 号和 2 号变频器的输出频率可以分别进行精细调节。

④ 对1号和2号变频器的运行参数（输出频率、输出电流和输出电压）进行实时监视。
⑤ 对1号和2号变频器的运行状态（正在运行、正转运行、反转运行）进行实时监视。
⑥ 当点动按压急停按钮时，PLC控制1号和2号变频器同时停止运行。

（2）控制系统设计

根据课题3的控制要求，编制PLC的I/O地址分配表，如表8.10所示；设计控制系统硬件接线图，如图8.49所示；设计控制系统软件梯形图，如图8.50所示。

表8.10 控制系统I/O地址分配

外部输入设备		PLC			
		输入端子		输出端子	
设备名称	符号	外设按钮编号	屏上按钮编号	运行状态	输出点编号
1号机正转按钮	SB$_0$	X0	M0	1号机正转输出	Y002
1号机反转按钮	SB$_1$	X1	M1	1号机反转输出	Y003
1号机停止按钮	SB$_2$	X2	M2	1号机运行指示灯	Y015
2号机正转按钮	SB$_3$	X3	M3	1号机正转指示灯	Y011
2号机反转按钮	SB$_4$	X4	M4	1号机反转指示灯	Y012
3号机停止按钮	SB$_5$	X5	M5	2号机正转输出	Y004
系统急停按钮	SB$_6$	X6	M6	2号机反转输出	Y005
				2号机运行指示灯	Y016
				2号机正转指示灯	Y013
				2号机反转指示灯	Y014

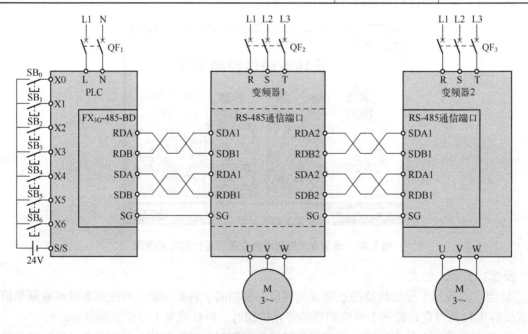

图8.49 课题3控制系统接线图

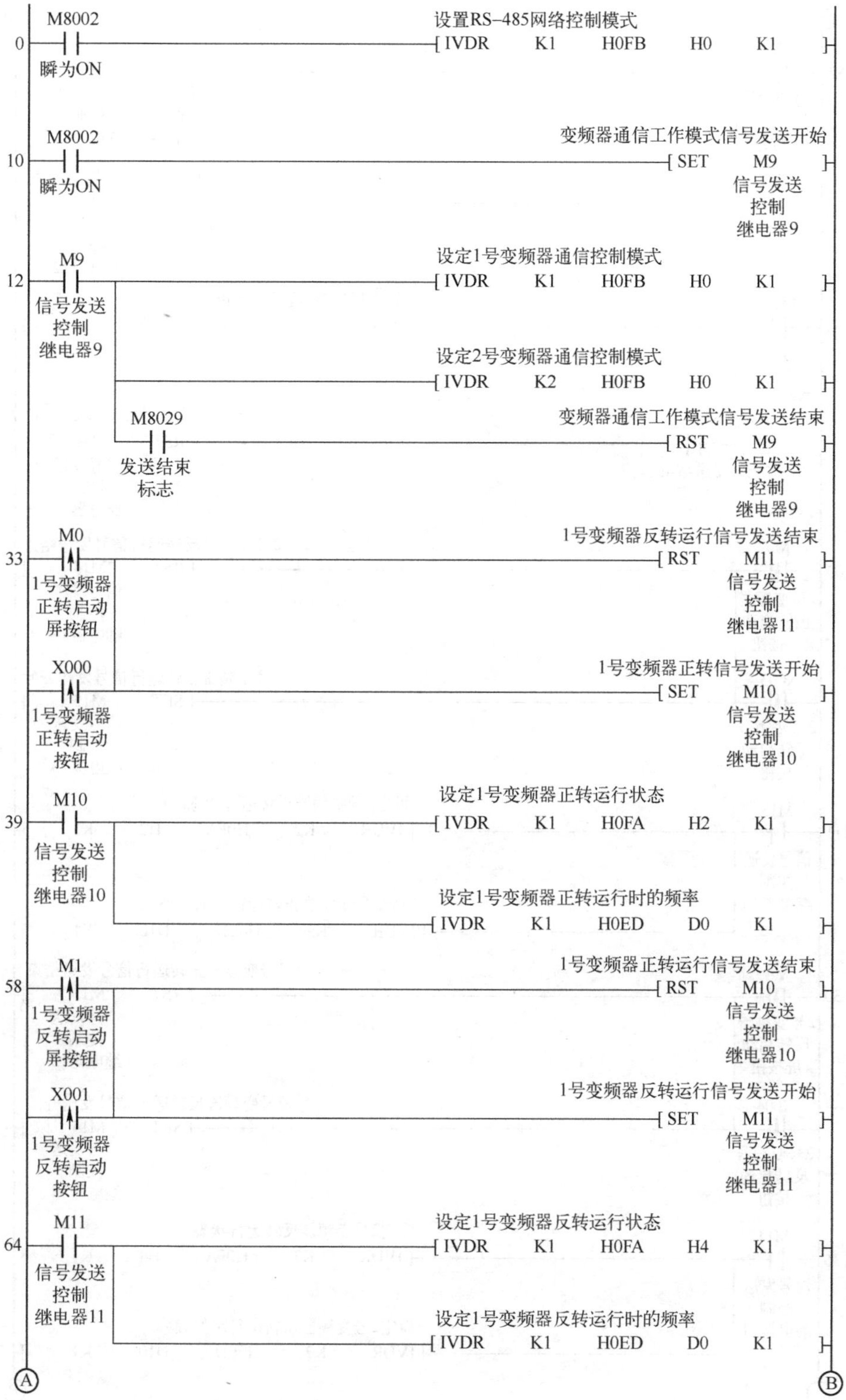

任务 8 PLC RS-485 通信控制变频器运行操作训练

```
       M8002                                      设置RS-485网络控制模式
  0 ───┤↑├────────────────────────────────────[ IVDR  K1   H0FB   H0   K1 ]
       瞬为ON

       M8002                                      变频器通信工作模式信号发送开始
 10 ───┤↑├────────────────────────────────────────────────────[ SET  M9 ]
       瞬为ON                                                      信号发送
                                                                控制
                                                                继电器9

        M9                                        设定1号变频器通信控制模式
 12 ────┤├────────────────────────────────────[ IVDR  K1   H0FB   H0   K1 ]
       信号发送
        控制
       继电器9
                                                  设定2号变频器通信控制模式
          ├──────────────────────────────────[ IVDR  K2   H0FB   H0   K1 ]

          │    M8029                              变频器通信工作模式信号发送结束
          └────┤├──────────────────────────────────────────────[ RST  M9 ]
              发送结束                                              信号发送
               标志                                                 控制
                                                                继电器9

         M0                                        1号变频器反转运行信号发送结束
 33 ────┤↑├────────────────────────────────────────────────[ RST  M11 ]
       1号变频器                                                信号发送
       正转启动                                                 控制
       屏按钮                                                  继电器11

        X000                                       1号变频器正转信号发送开始
       ──┤↑├───────────────────────────────────────────────[ SET  M10 ]
       1号变频器                                                信号发送
       正转启动                                                 控制
        按钮                                                   继电器10

         M10                                       设定1号变频器正转运行状态
 39 ────┤├────────────────────────────────────[ IVDR  K1   H0FA   H2   K1 ]
       信号发送
        控制
       继电器10
                                                  设定1号变频器正转运行时的频率
          ├──────────────────────────────────[ IVDR  K1   H0ED   D0   K1 ]

         M1                                        1号变频器正转运行信号发送结束
 58 ────┤↑├───────────────────────────────────────────────[ RST  M10 ]
       1号变频器                                                信号发送
       反转启动                                                 控制
       屏按钮                                                  继电器10

        X001                                       1号变频器反转运行信号发送开始
       ──┤↑├───────────────────────────────────────────────[ SET  M11 ]
       1号变频器                                                信号发送
       反转启动                                                 控制
        按钮                                                   继电器11

         M11                                       设定1号变频器反转运行状态
 64 ────┤├────────────────────────────────────[ IVDR  K1   H0FA   H4   K1 ]
       信号发送
        控制
       继电器11
                                                  设定1号变频器反转运行时的频率
          ├──────────────────────────────────[ IVDR  K1   H0ED   D0   K1 ]
       Ⓐ                                                                  Ⓑ
```

图 8.50 课题 3 梯形图程序

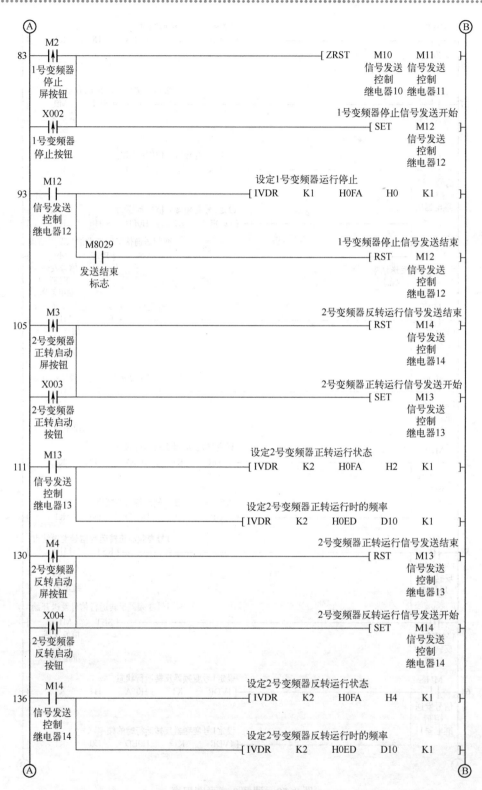

图 8.50 课题 3 梯形图程序（续）

任务8 PLC RS-485通信控制变频器运行操作训练

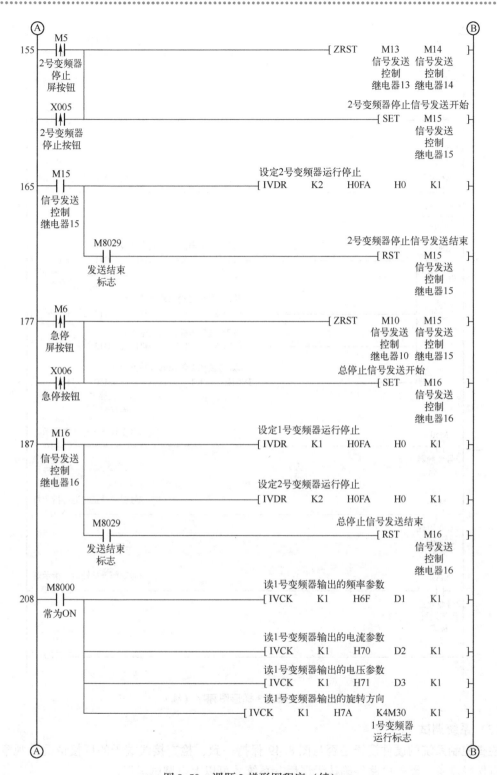

图8.50 课题3梯形图程序（续）

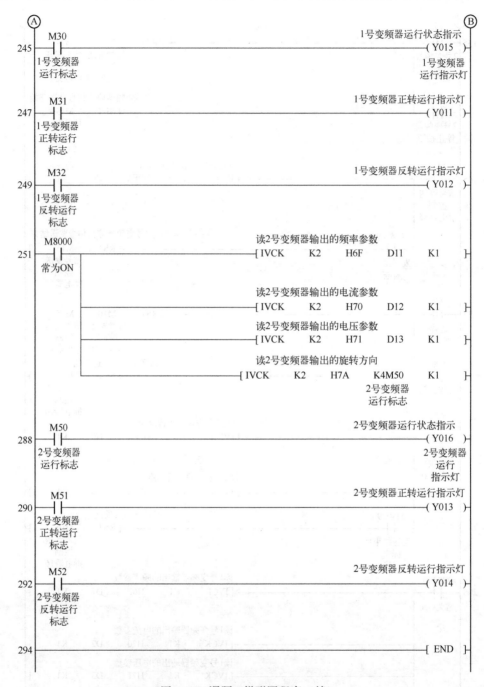

图8.50　课题3梯形图程序（续）

（3）系统调试

检查控制系统的硬件接线是否与图8.49保持一致，检查接线端子的压接情况，观察接线是否有松脱现象。硬件电路经确认无误后，系统才可以上电调试运行。

① 通信设置。

由于课题3的通信设置过程与课题1的通信设置过程相似，此处不再赘述。

② 功能调试。

第一步：启动 1 号变频器正转运行。

操作过程：点动按压外设的 1 号变频器正转按钮或触摸屏上的 1 号变频器正转按钮，启动 1 号变频器正转运行。

观察项目：观察 PLC 面板上的指示灯；观察变频器操作单元上的指示灯和显示器上显示的字符；观察电动机的转向和转速。

现场状况：PLC 的 Y2 指示灯点亮；1 号变频器的 FWD 指示灯点亮，显示器上显示的字符为当前值；触摸屏显示输出频率、输出电流和输出电压的当前值；1 号电动机正向旋转。

第二步：精细调节 1 号变频器的输出频率。

操作过程：旋转触摸屏上 1 号变频器的速度调节旋钮。

观察项目：观察 PLC 面板上的指示灯；观察变频器操作单元上的指示灯和显示器上显示的字符；观察电动机的转向和转速。

现场状况：PLC 的 Y2 指示灯点亮；1 号变频器的 FWD 指示灯点亮，显示器上显示的字符为当前值；触摸屏显示输出频率、输出电流和输出电压的当前值；电动机正向旋转。结论是 1 号变频器的输出频率和 1 号电动机的转速均可以连续调节。

第三步：启动 1 号变频器反转运行。

操作过程：点动按压外设的 1 号机反转按钮或触摸屏上的 1 号机反转按钮，启动 1 号变频器反转运行。

观察项目：观察 PLC 面板上的指示灯；观察变频器操作单元上的指示灯和显示器上显示的字符；观察电动机的转向和转速。

现场状况：PLC 的 Y3 指示灯点亮；1 号变频器的 REV 指示灯点亮，显示器上显示的字符为当前值；触摸屏显示输出频率、输出电流和输出电压的当前值；1 号电动机反向旋转。

第四步：停止 1 号变频器运行。

操作过程：点动按压外设的 1 号机停止按钮或触摸屏上的 1 号机停止按钮，停止 1 号变频器运行。

观察项目：观察 PLC 面板上的指示灯；观察变频器操作单元上的指示灯和显示器上显示的字符；观察电动机的转向和转速。

现场状况：PLC 的 Y3 指示灯熄灭；1 号变频器的 REV 指示灯熄灭，显示器上显示的字符为 "0.00"；触摸屏显示当前的各项输出值均为 0；1 号电动机停止旋转。

第五步：急停 1 号变频器。

操作过程：点动按压触摸屏上的 1 号机和 2 号机正转按钮，启动 1 号和 2 号变频器正转运行。待系统运行进入稳态后，点动按压外设的急停按钮或触摸屏上的急停按钮，紧急停止 1 号和 2 号变频器的运行。

观察项目：观察 PLC 面板上的指示灯；观察变频器操作单元上的指示灯和显示器上显示的字符；观察电动机的转向和转速。

现场状况：PLC 的 Y2 和 Y4 指示灯熄灭；1 号和 2 号变频器的 FWD 指示灯熄灭，1 号和 2 号变频器的显示器上显示的字符均为 "0.00"；触摸屏显示当前的各项输出值均为 0；电动机处于停止状态。

第六步：2 号机调试。

由于2号机与1号机的调试过程相同,所以此过程的叙述省略。

【工程素质培养】

1. 职业素质培养要求

本次实训的硬件接线是首次涉及通信线的连接。由于 $FX_{3G}-485-BD$ 通信板与 FR-A700 变频器之间的信号线采用的是专用网线,为防止接线错误,可将网线端头上多余的线芯剪断,接线时应注意区分线芯颜色,养成严谨细致的工作习惯。为防止通信接口损坏,通信板不能带电拔插和带电接线,养成规范安全的操作习惯。

2. 专业素质培养问题

问题1:在通信控制程序成功下传以后,发现通信板上的 SD 和 RD 通信指示灯不亮。

解答:出现这种现象的原因可能是通信板和 PLC 通信口接触不良,也可能是通信板损坏,或者是 PLC 通信口损坏。在实践中,往往是前一种情况发生的概率较大。

问题2:在通信控制程序成功下传以后,发现通信板上的 SD 和 RD 通信指示灯虽然闪烁,但变频器上的 NET 指示灯始终不亮。

解答:出现这种现象的原因可能是通信系统的参数设置错误,应分别检查 PLC 和变频器的通信参数设置是否正确,检查通信参数的设置是否有遗漏。

问题3:当 PLC 通信方式控制多台变频器运行时,发现只有第一台变频器的 NET 指示灯点亮,而其余各台的 NET 指示灯均不亮。

解答:出现这种现象的原因除变频器的通信参数设置可能有错误以外,还可能是各台变频器之间的通信硬件接线有错误,最为常见的接线错误如图8.51所示。

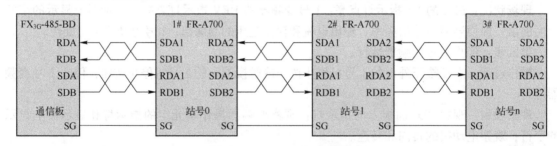

图8.51 串行通信接线错误

问题4:当 PLC 通信方式控制两台变频器运行时,发现即使在通信正常的情况下,变频器的运行状态也不受 PLC 控制。

解答:出现这种现象的原因可能是变频器的站号设置错误,应分别检查变频器的实际站号与通信程序中的编号是否一致。

问题:在调试图8.42所示的程序时,如果将频率设定值的寻址方式由直接赋值改为间接赋值,发现变频器的输出频率和电动机转速都不能调节。

解答:这是因为在图8.42所示的程序中,中间继电器 M10 的常开触点只是在通信阶段短暂的闭合,而在通信结束后又恢复分断。在这种情况下,如果采用间接赋值方式,新的频率设定值就不能被写入到变频器当中,所以变频器的输出频率和电动机转速都不能调节。

3. 解答工程实际问题

问题情境：PLC 既可以采用模拟量控制方式，也可以采用 RS-485 通信控制方式对变频器的输出频率实施精细调节，而且这两种控制方式频率调节的精度都很高。

真实问题：在实际工程应用中，为什么采用通信控制方式比较多呢？

参考答案：随着电气传动控制技术的发展，PLC 模拟量控制变频器这种方式逐渐被 RS-485 通信控制方式所取代。这是因为从成本的角度来看，1 个三菱 FX_{2N}-5A 模块市场价格是 1360 元左右，而 1 个三菱 FX_{3G}-485-BD 通信板市场价格却只有 200 元左右。从系统组成的角度来看，1 个三菱 FX_{2N}-5A 模块只能控制 1 台变频器，而 1 个三菱 FX_{3G}-485-BD 通信板却能同时控制 32 台变频器。从信号传输的角度来看，模拟信号的传输距离较近，一般只有几十米，而且信号在传输过程中容易受到干扰，影响系统工作的稳定性；相反，通信信号的传输距离较远，最长可达 3km，而且在传输过程中信号不容易受到干扰，系统工作的稳定性较强。从控制性能的角度来看，通信控制方式很容易对变频器的运行参数和运行状态进行实时精确监视，而模拟量控制方式则很难做到。从网络控制的角度来看，通信控制方式很容易实现上位机与变频器之间的通信，形成一个以 PLC 为核心的工控网络。

# 任务 9　PLC 网络控制变频器运行操作训练

【任务要求】

以 PLC 网络通信控制变频器运行操作为训练任务，通过对 CC – Link 网络通信模块通信设置和网络通信控制的学习，让学生熟悉 PLC 和变频器的 CC – Link 网络通信控制技术，掌握 CC – Link 网络总线控制系统设计的操作方法。

1. 知识目标

（1）熟悉常见网络拓扑结构，掌握总线结构。
（2）了解 CC – Link 总线网络的基本配置。
（3）了解 CC – Link 总线网络的通信原理。
（4）了解主站模块和从站模块的缓冲存储器功能及分配。
（5）掌握主站和从站 CC – Link 模块的设置方法及其应用。
（6）熟悉 PLC 总线控制变频器运行的方法。

2. 技能目标

（1）会设置主站和从站 CC – Link 模块，能完成主站模块的参数设置。
（2）能完成主站对从站数据缓冲存储器的读取。
（3）会编写 PLC 控制程序，能完成 CC – Link 网络控制系统的安装和调试。

【知识储备】

随着现代工业的发展，企业对现代工业控制系统的需求越来越多，功能需求也越来越广，越来越多的复杂工业控制系统出现在现代工业生产中。对于中小型工业控制系统的构建，可以通过增加 PLC 的 I/O 点数或改进 PLC 机型来实现，对于复杂的大型工业控制系统要如何实现呢？随着总线技术的发展，越来越多的工业控制系统实现了网络化，可编程控制器网络化就是将多台 PLC 以总线的方式连接，形成 PLC 组网控制系统。完成对复杂工业控制系统的设计将成为现代电气人员的目标和要求。

为了实现工业生产网络化，几乎所有的 PLC 生产厂家都为其开发了通信的接口或专用通信模块。20 世纪 90 年代，三菱 PLC 和多家公司正式将 CC – Link 这一全新的现场网络推向市场，CC – Link 总线技术的出现将工厂自动化现场总线技术带入了 21 世纪。

1. CC – Link 总线技术基础知识

CC – Link 是控制与通信链路系统（Control & Communication Link System）的简称，是一种基于 RS – 485 通信、源于亚洲的开放式现场总线标准。CC – Link 现场网络控制总线系统可以同时实现控制和信息数据的高速处理，满足现代一体化工厂的生产高效运行和过程自动化控制。

（1）总线结构简介

常见的网络拓扑结构有 4 种，如图 9.1 所示，分别为总线结构、星形结构、环形结构和树形结构。每种拓扑结构都有各自的优点和缺点，可根据具体情况选择。总线结构以其结构简单、可靠性高、易于扩展而被广泛应用。三菱 CC – Link 系统就是以总线结构进行扩展的。

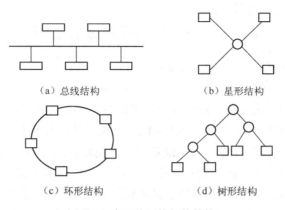

图 9.1　常见的网络拓扑结构

（2）CC – Link 的网络配置

CC – Link 总线是一个以工业生产设备为主的工业控制网络，是将控制设备与不同的生产设备连接起来的现场网络。CC – Link 网络的规模有大有小，由工业生产的规模和设备决定，一般情况下，一个最简单的 CC – Link 网络可由 1 个主站和若干个子站通过屏蔽双绞线采用总线方式进行连接，CC – Link 的一般网络配置如图 9.2 所示。

图 9.2　CC – Link 的一般网络配置

该 CC – Link 网络中的主站由三菱电机 Q 系列的 PLC 或计算机担当，子站是远程 I/O 站、带有 CPU 的 PLC 本地站、备用主站和智能设备站、人机界面的智能设备站、变频器的远程设备站和机器人特殊功能模块的远程设备站，除此之外，还可以连接各种测量仪表、阀门、数控系统等现场仪表设备。

通过对图 9.2 的分析，可以知道，一般 CC – Link 网络包括以下几部分：主站、远程 I/O 站、远程设备站、智能设备站、本地站和备用主站。那么它们分别实现什么样的功能，主要包括哪些设备呢？表 9.1 描述了 CC – Link 网络各组成部分的功能、作用及典型单元。

表 9.1　CC – Link 网络远程站

远程	描述	典型单元
主站	网络控制单元，控制数据链接系统	PLC
远程 I/O 站	仅处理以位为单位的 ON – OFF 数据的远程站	数字 I/O、气动阀门等
远程设备站	处理以位为单位和以字为单位的数据的远程站	模拟 I/O、温度控制模块等

续表

远 程	描 述	典型单元
智能设备站	可以执行瞬时传送的站	RS-232C、I/F 等
本地站	有一个 PLC CPU 并且有能力和主站以及其他本地站通信的站,是一种智能设备	PLC
备用主站	一种智能设备,也是一种本地站,当主站工作时,它是一个本地站;当主站出现故障时,它作为主站工作	PLC

在 CC-Link 网络中,主站是实现控制数据链接的网络控制核心设备,因此必须由具有控制功能的 PLC CPU 来承担,且一个简单 CC-Link 网络系统中有且只有一个主站。各子站由于实现的功能不同,分为远程 I/O 站、远程设备站、智能设备站、本地站和备用主站。远程 I/O 站只能实现对数字量 ON-OFF 的控制;远程设备站除了能够实现数字量控制,还可以实现模拟量的控制;智能设备站、本地站和备用主站不仅能进行数字量和模拟量的通信,还可以实现数据的瞬时传送,由于本地站和备用主站的特殊性,必须使用 PLC 来实现。

① 配置要求。

在 CC-Link 网络中,可连接通信站的总数由主站 CPU 决定,即不同系列的主站 CPU 所能连接的子站的站数是不一样的,必须要满足主站的控制要求,一般满足以下要求:站数不得大于最大站数;I/O 总点数不能超过主站所带最大点数总和。

下面分别介绍 Q 系列和 FX 系列 PLC 作主站时,由一个单独主站构成的 CC-Link 网络的具体结构要求。

Q 系列 PLC 作主站,必须满足的要求如下:

(a) (1×占用1个站的模块数) + (2×占用2个站的模块数) + (3×占用3个站的模块数) + (4×占用4个站的模块数) ≤64。

(b) (16×远程 I/O 站的数量) + (54×远程设备站的数量) + (88×本地站、备用主站和智能设备站的数量) ≤2304。

在 (b) 远程 I/O 站的数量 ≤64、远程设备站的数量 ≤42、本地站、备用主站和智能设备站的数量 ≤26。

FX 系列 PLC 作主站,必须满足的要求如下:

(a) (1×占用1个站的模块数) + (2×占用2个站的模块数) + (3×占用3个站的模块数) + (4×占用4个站的模块数) ≤8。

(b) PLC 的 I/O 点数(包括空的数量和扩展 I/O 点数) + 8×(FX_{2N}-16CCL-M 占用的点数) + 其他特殊扩展 PLC 所占用的点数 + (32×远程 I/O 站的数量) ≤256。

即远程 I/O 站的数量 ≤7,远程设备站的数量 ≤8。

由一个单独 Q 系列或 FX 系列 PLC 构成的 CC-Link 网络的具体结构要求可以知道,主站连接的从站数量会因为主站而有所不同,下面以 Q 系列 PLC 作主站为例来介绍如何分配和设置各子站。要分配、设置子站,就需要考虑各子站的占用站数和站号设置,下面具体介绍子站的占用站数和站号。

② 占用站数。

占用站数通常是指一个从站模块传输数据所占用的站的个数,可以根据数据信息将从站占用站数设定为 1～4 个,有时一个模块并不一定占用 1 个站号,有可能占用 2 个或 2 个以上的站号,但一个子站最多可以占用 4 个站号。主站 CC – Link 连接的所有从站被占用的站的总数不得超过 64 个,远程 I/O 站、远程设备站和本地站占用的站数是预先定义好的。但一个本地站可以设置的占用站数为 1~4 个,表 9.2 列出了配置 CC – Link 网络的常用设备及所占用的站数。

表 9.2　配置 CC – Link 网络的常用设备及所占用的点数

模　块		名　称	占 用 站
远程 I/O 站（8,16,32 点）			1 个站
远程设备站	FX$_{2N}$ – 32CCL	FX 系列 CC – Link 从模块	1~4 个站（可选择）
	AJ65BT – 64AD	A/D 转换模块	2 个站
	AJ65BT – 64DAV	D/A 转换模块	2 个站
	AJ65BT – 64DAI	D/A 转换模块	2 个站
	AJ65BT – D62	高速计数模块	4 个站
	AJ65BT – 68TD	热电偶温度输入单元	4 个站
	AJ65BT – D32ID2	ID 接口模块	4 个站
	A852GOT	图形操作终端	2 站或 4 个站
本地站	QJ61BT11N	Q 系列主站/本地站模块	1~4 个站（由参数设置）
	A8GT – J61BT15	连接 CC – Link 的通信模块	1 或 4 个站
智能站	AJ65BT – R2	RS – 232 接口模块	1 个站
	AJ65BT – G4	连接外围设备模块	1 个站
	AJ65BT – D75P2 – S3	位置控制模块	4 个站

　　由表 9.2 可以发现,不同子站所占用的站数是不同的,一个远程 I/O 站,无论占有多少点数,始终只占用 1 个站;远程设备站由于其模块的差异,使得其占用的站数也有差异,一般为 2 个站或 4 个站;本地站由于其多为 PLC 构成,所以其站数可以自己设置,多为 1~4 个;远程智能站由于其模块的差异,多为 1 个站或 4 个站。

　　③ 站号。

　　连接在主站上的远程站通常不止 1 个,那么如何区分各从站,保证通信畅通有序呢?解决的办法是对从站进行编号,该编号必须唯一,不重叠。

　　主站:通常将其分配为 0 号站;从站,通常将每个从站的第一个站号设定为该从站站号。当主站连接的所有从站模块占用站数均为 "1" 个站时,站号从 1 开始依次进行编号（1,2,3,…）。但是,当所连接从站模块中有占用 2 个站或多个站时,就必须考虑到被占用的站数的号码,不能重叠。具体编号可以参考图 9.3。

　　如图 9.3 所示,主站依次连接 A、B、C、D、E 五个从站模块,主站分配为 0 号站,A 模块为该网络的第一个模块,占用 1 个站——1 号站,站号为 1;B 模块为该网络的第二个模块,占用 2 个站,因遵循不重叠原则,占用站号为 2 号站和 3 号站,该站站号为 2;C 模块为该网络的第三个模块,占用 4 个站,占用站号包括 4 号站、5 号站、6 号站和 7 号站,该站站号为 4;D 模块为该网络的第四个模块,占用 1 个站——8 号站,站号为 8;依此类推,可以得出 E 模块占用站号为 9 号站,站号为 9。

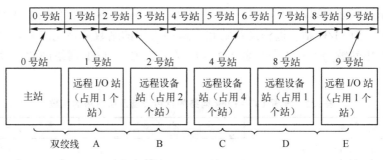

图 9.3　CC – Link 站号配置

【例 9.1】 试说明模块数与站数的区别。

模块数是指主站物理连接中的从站模块的数目，站数是指所有从站模块占用站数的总和。如图 9.3 所示，在该 CC – Link 结构中，模块数为 5，站数为 5 个模块 A、B、C、D、E 占用站数的总和，即 1(A 模块占用站数) + 2(B 模块占用站数) + 4(C 模块占用站数) + 1(D 模块占用站数) + 1(E 模块占用站数) = 9，所以站数为 9。

【现场讨论】

CC – Link 网络在分配从站站号时，是否允许中间有站号空缺呢？如图 9.4 所示，8 号远程设备站缺失，是否可以组建 CC – Link 网络呢？

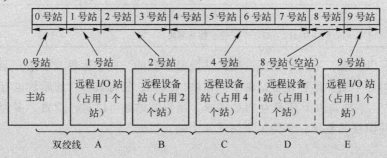

图 9.4　CC – Link 站号空缺

一般我们不允许站与站之间有空缺，如果系统中间有缺站，将会把它作为"数据链接错误"来处理，在某些特殊情况下，需要在站与站之间留空缺，则编程时需要对系统进行通信设置，利用主站 CC – Link 网络参数设置中的站信息设定（主要针对 Q、QnA、QnAS、A、AnS、FX 系列主站）或利用专用寄存器设定预留的通信站（主要针对 FX 系列主站）。

【工程经验】

一般来说，为了实际操作和安装方便，如无特殊要求，在工程上设定站号的原则通常是从小到大，且保持连续、不重复。但也可以按照实际应用的特殊需求来进行站号的分配。

(3) CC – Link 的通信原理

CC – Link 网络是一个高效率的网络，在进行通信时，不会感觉到有网络种类的差别和间断。这不仅与它的系统结构有关,还与它的通信有关,为了允许 CC-Link 网络可以高速、大容量的传送数据,CC-Link 网络提供了两种通信方式:循环传输和瞬时传输,主要传输的数据形式有 5 种,表 9.3 给出了 5 种数据形式的具体介绍。

表 9.3 CC-Link 网络数据传输形式

数据形式	名称	描述	传输形式	通信方式
RX	远程输入	输入主站/本地站的位数据	位传输	循环传输
RY	远程输出	从主站/本地站输出的位数据		
RWr	远程寄存器(读)	输入主站/本地站的字数据	字传输	
RWw	远程寄存器(写)	从主站/本地站输出的字数据		
Message	—	非刷新数据,用于传送大容量的数据	专用指令	瞬时传输

在表 9.3 中,前两种数据形式传输的是位信号 RX、RY,每一个站可以传输 32 位输入和 32 位输出的数据;RWr、RWw 是字传输信号,每一个站可以读/写 4 字节的数据(Ver.1 版本)。以上 4 种数据形式均是通过循环传输的方式实现的,也就是俗称的广播-轮询方式,是最常用的两种数据传输形式,该方式的数据传输率非常高,从而决定了整个 CC-Link 网络的高效率。Message 的传输是通过瞬时传输的方式实现的,适用于大型 PLC(Q 系列、A 系列),需要使用专用指令来实现大容量数据的传输。

不同远程站根据其自身实现的功能,传输不同的数据形式,表 9.4 给出了不同远程站传输数据的形式。

表 9.4 不同远程站传输数据的形式

远 程	数 据 形 式
主站	RX、RY、RWr、RWw、Message
远程 I/O 站	RX、RY
远程设备站	RX、RY、RWr、RWw
智能设备站、本地站、备用主站	RX、RY、RWr、RWw、Message

表 9.4 给出了几种典型的远程站,其中,主站作为控制数据传输的核心,需要完成 5 种数据形式传输;远程 I/O 站只能传输 ON/OFF 信号,因此只能传输位信号(RX、RY);远程设备站既可以传输 ON/OFF 信号,也可以传输模拟信号,因此传输既有位信号(RX、RY),又有字信号(RWr、RWw);智能设备站、本地站和备用主站因其实现的功能也可以传输 5 种数据形式。

下面具体介绍一下这 5 种数据形式是如何在主站和各远程站之间进行数据传输、实现数据交换的,如图 9.5 所示。

如图 9.5 所示,该 CC-Link 网络中,从站不仅包括支持处理位信息的远程 I/O 站,还包括支持以字为单位进行数据交换的远程设备站、本地站以及可进行信息通信的智能设备站。PLC(主站、本地站和智能设备站)分别在 CC-Link 模块和 CPU 中开辟出一块内存缓冲区(BFM),其中,CC-Link 模块中的 BFM 和远程站的输入相对应(I/O 或 RWw、RWr,在编程时可以对此 BFM 不予理会),通过"数据链接"接收从站的数据变化,同时把数据传送到 CPU 中的 BFM;而 CPU 模块中的 BFM 通过"自动刷新"的方式接收从站的数据变化。

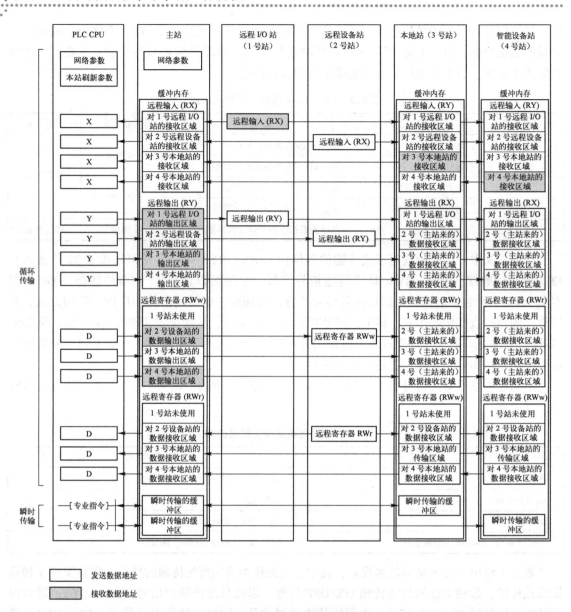

图 9.5 CC-Link 网络通信原理

具体如下：PLC CPU 通过自动刷新数据（RX/RY/RWr/RWw）与主站完成数据交换，此过程无须梯形图编程；主站将刷新到的数据（RY/RWw）发送到所有从站，与此同时轮询 1 号站（远程 I/O 站）和 2 号站（远程设备站）；1 号站对主站的轮询作出响应（RX），2 号站对主站的轮询作出响应（RX/RWr），同时 1 号站和 2 号站将该响应告知 3 号站和 4 号站；然后主站轮询 3 号站（此时并不发送刷新数据），3 号站给出响应，并将该响应告知 4 号站；依此类推，循环往复。

除了循环传输方式以外，如图 9.5 所示，CC-Link 也支持主站与本地站、智能设备站之间的瞬时通信。瞬时通信是 1:1 通信，仅在 2 个站之间的任意时刻发送/接收任意数据（主站与 3 号站，主站与 4 号站，3 号站与 4 号站）。瞬时通信也具有瞬时传送的缓冲存储区域，通过指定的点数进行数据的发送或接收。

（4）缓冲存储器（BFM）功能分配

为了便于主站与远程站之间通信，CC－Link 模块中开辟出一块内存缓冲区（BFM），CC－Link 模块中的 BFM 和远程站的地址在完成以上设置以后是固定的，即主站与远程站的 I/O、RWw 和 RWr 输入相对应。CC－Link 信息存储单元主要存储图 9.5 中提及的远程输入 RX、远程输出 RY、远程寄存器 RWr 和 RWw，还包括链接特殊继电器 SB、链接特殊寄存器 SW 等。下面以 Q 系列 PLC 的缓冲存储器（BFM）分配为例来具体介绍一些常用的缓冲存储器。

① 远程输入 RX：BFM #E0H～15FH（共 128 个 16 位的字，每个站占 2 个字，可以有 64 个站），用来存储来自远程站（I/O 站和设备站）的输入状态信息。表 9.5 是主站模块的缓存寄存器（BFM）与远程站的输入存储器（RX）之间的地址对应关系。

表 9.5 远程输入存储器（RX）地址分配

站号	缓冲存储器地址	站号	缓冲存储器地址	站号	缓冲存储器地址	站号	缓冲存储器地址
1	E0H－E1H	17	100H－101H	33	120H－121H	49	140H－141H
2	E2H－E3H	18	102H－103H	34	122H－123H	50	142H－143H
3	E4H－E5H	19	104H－105H	35	124H－125H	51	144H－145H
4	E6H－E7H	20	106H－107H	36	126H－127H	52	146H－147H
5	E8H－E9H	21	108H－109H	37	128H－129H	53	148H－149H
6	EAH－EBH	22	10AH－10BH	38	12AH－12BH	54	14AH－14BH
7	ECH－EDH	23	10CH－10DH	39	12CH－12DH	55	14CH－14DH
8	EEH－EFH	24	10EH－10FH	40	12EH－12FH	56	14EH－14FH
9	F0H－F1H	25	110H－111H	41	130H－131H	57	150H－151H
10	F2H－F3H	26	112H－113H	42	132H－133H	58	152H－153H
11	F4H－F5H	27	114H－115H	43	134H－135H	59	154H－155H
12	F6H－F7H	28	116H－117H	44	136H－137H	60	156H－157H
13	F8H－F9H	29	118H－119H	45	138H－139H	61	158H－159H
14	FAH－FBH	30	11AH－11BH	46	13AH－13BH	62	15AH－15BH
15	FCH－FDH	31	11CH－11DH	47	13CH－13DH	63	15CH－15DH
16	FEH－FFH	32	11EH－11FH	48	13EH－13FH	64	15EH－15FH

下面以图 9.3 所建立的系统为例，设主站远程输入的起始地址为 X0，这里只具体介绍主站和前两个远程站，如图 9.6 所示，了解主站模块的缓存寄存器（BFM）与远程站的输入存储器（RX）之间数据是如何进行传输的。

② 远程输出 RY：BFM #160H～1DFH，和 RX 一样（共 128 个 16 位的字，每个站占 2 个字，可以有 64 个站），用来存储来自远程站（I/O 站和设备站）的输出状态信息。表 9.6 是主站模块的缓存寄存器（BFM）与远程站的输出存储器（RY）之间的地址对应关系。

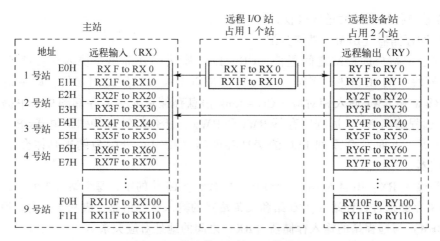

图 9.6 主站和远程输入通信过程

表 9.6 远程输出存储器（RY）地址分配

站号	缓冲存储器地址	站号	缓冲存储器地址	站号	缓冲存储器地址	站号	缓冲存储器地址
1	160H – 161H	17	180H – 181H	33	1A0H – 1A1H	49	1C0H – 1C1H
2	162H – 163H	18	182H – 183H	34	1A2H – 1A3H	50	1C2H – 1C3H
3	164H – 165H	19	184H – 185H	35	1A4H – 1A5H	51	1C4H – 1C5H
4	166H – 167H	20	186H – 187H	36	1A6H – 1A7H	52	1C6H – 1C7H
5	168H – 169H	21	188H – 189H	37	1A8H – 1A9H	53	1C8H – 1C9H
6	16AH – 16BH	22	18AH – 18BH	38	1AAH – 1ABH	54	1CAH – 1CBH
7	16CH – 16DH	23	18CH – 18DH	39	1ACH – 1ADH	55	1CCH – 1CDH
8	16EH – 16FH	24	18EH – 18FH	40	1AEH – 1AFH	56	1CEH – 1CFH
9	170H – 171H	25	190H – 191H	41	1B0H – 1B1H	57	1D0H – 1D1H
10	172H – 173H	26	192H – 193H	42	1B2H – 1B3H	58	1D2H – 1D3H
11	174H – 175H	27	194H – 195H	43	1B4H – 1B5H	59	1D4H – 1D5H
12	176H – 177H	28	196H – 197H	44	1B6H – 1B7H	60	1D6H – 1D7H
13	178H – 179H	29	198H – 199H	45	1B8H – 1B9H	61	1D8H – 1D9H
14	17AH – 17BH	30	19AH – 19BH	46	1BAH – 1BBH	62	1DAH – 1DBH
15	17CH – 17DH	31	19CH – 19DH	47	1BCH – 1BDH	63	1DCH – 1DDH
16	17EH – 17FH	32	19EH – 19FH	48	1BEH – 1BFH	64	1DEH – 1DFH

还是以图 9.3 所建立的系统为例，设主站远程输出的起始地址为 Y0，这里同样只具体介绍主站和前两个远程站，如图 9.7 所示，了解主站模块的缓存寄存器（BFM）与远程站的输出存储器（RY）之间数据是如何进行传输的。

【注意】

无论是远程 I/O 站，还是远程设备站或本地站，都要依据以上地址分配表来定义开关量的地址，无论某个站是否用到该分配地址，其对应的远程寄存器都是固定的，不能随便使用。

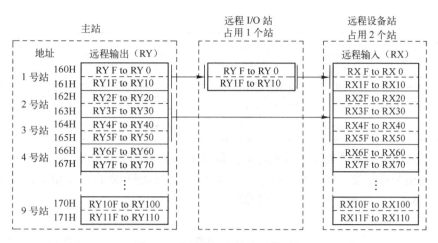

图 9.7 主站和远程输出通信过程

【例 9.2】 无论某个站是否用到该分配地址，其对应的远程寄存器都是固定的，请举例说明。

如一个站只有物理上的输入开关量，而没有输出量，则在分配远程 RX 和 RY 时，既需要分配 RX，又要分配 RY，如 1 号站是 16 位输入模块，2 号站是 32 位输出模块，则 1 号站对应的远程输入 RX 的地址是 BFM #E0H（E1H 空闲未用），2 号站的 RY 是 BFM #162H～163H，前一个 BFM #160H～161H 是给 1 号站分配的（虽然 1 号站不可以用到），这虽然造成了内存资源的浪费，但却提高了通信速度。

③ 远程寄存器 RWw：BFM #1E0H～2DFH，每个站占 4 个字，共 256 个字，可以让 64 个站使用，远程寄存器（RWw）中的数据可以发送到远程设备站，实现主站模块对远程设备站数据的写操作。表 9.7 是主站模块的缓存寄存器（BFM）与远程设备站的远程寄存器（RWw）之间的地址对应关系。

表 9.7 远程寄存器（RWw）地址分配

站号	缓冲存储器地址	站号	缓冲存储器地址	站号	缓冲存储器地址	站号	缓冲存储器地址
1	1E0H – 1E3H	17	220H – 223H	33	260H – 263H	49	2A0H – 2A3H
2	1E4H – 1E7H	18	224H – 227H	34	264H – 267H	50	2A4H – 2A7H
3	1E8H – 1EBH	19	228H – 22BH	35	268H – 26BH	51	2A8H – 2ABH
4	1ECH – 1EFH	20	22CH – 22FH	36	26CH – 26FH	52	2ACH – 2AFH
5	1F0H – 1F3H	21	230H – 233H	37	270H – 273H	53	2B0H – 2B3H
6	1F4H – 1F7H	22	234H – 237H	38	274H – 277H	54	2B4H – 2B7H
7	1F8H – 1FBH	23	238H – 23BH	39	278H – 27BH	55	2B8H – 2BBH
8	1FCH – 1FFH	24	23CH – 23FH	40	27CH – 27FH	56	27CH – 27FH
9	200H – 203H	25	240H – 243H	41	280H – 283H	57	2C0H – 2C3H
10	204H – 207H	26	244H – 247H	42	284H – 287H	58	2C4H – 2C7H
11	208H – 20BH	27	248H – 24BH	43	288H – 28BH	59	2C8H – 2CBH
12	20CH – 20FH	28	24CH – 24FH	44	28CH – 28FH	60	2CCH – 2CFH

续表

站号	缓冲存储器地址	站号	缓冲存储器地址	站号	缓冲存储器地址	站号	缓冲存储器地址
13	210H–213H	29	250H–253H	45	290H–293H	61	2D0H–2D3H
14	214H–217H	30	254H–257H	46	294H–297H	62	2D4H–2D7H
15	218H–21BH	31	258H–25BH	47	298H–29BH	63	2D8H–2DBH
16	21CH–21FH	32	25CH–25FH	48	29CH–29FH	64	2DCH–2DFH

以图9.3所建立的系统为例，设远程寄存器（RWw）的起始地址为W0，这里同样只具体介绍主站和前两个远程站，如图9.8所示，了解主站模块的缓存寄存器（BFM）与远程站的远程寄存器（RWw）之间数据是如何进行传输的。

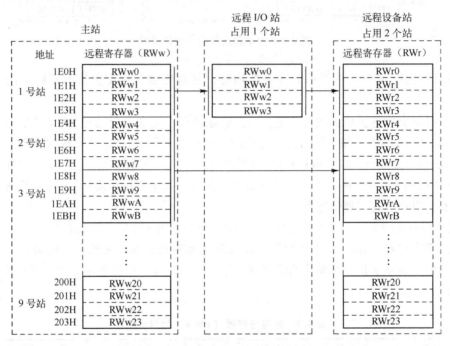

图9.8 主站写入远程寄存器通信过程

④ 远程寄存器RWr：BFM #2E0H～3DFH，每个站占4个字，共256个字，可以让64个站使用，设备站远程寄存器（RWr）中的数据可以发送到主站模块，实现主站模块对远程设备站数据的读操作。表9.8是主站模块的缓存寄存器（BFM）与远程设备站的远程寄存器（RWr）之间的地址对应关系。

表9.8 远程寄存器（RWr）地址分配

站号	缓冲存储器地址	站号	缓冲存储器地址	站号	缓冲存储器地址	站号	缓冲存储器地址
1	2E0H–2E3H	17	320H–323H	33	360H–363H	49	3A0H–3A3H
2	2E4H–2E7H	18	324H–327H	34	364H–367H	50	3A4H–3A7H
3	2E8H–2EBH	19	328H–32BH	35	368H–36BH	51	3A8H–3ABH
4	2ECH–2EFH	20	32CH–32FH	36	36CH–36FH	52	3ACH–3AFH
5	2F0H–2F3H	21	330H–333H	37	370H–373H	53	3B0H–3B3H

续表

站号	缓冲存储器地址	站号	缓冲存储器地址	站号	缓冲存储器地址	站号	缓冲存储器地址
6	2F4H – 2F7H	22	334H – 337H	38	374H – 377H	54	3B4H – 3B7H
7	2F8H – 2FBH	23	338H – 33BH	39	378H – 37BH	55	3B8H – 3BBH
8	2FCH – 2FFH	24	33CH – 33FH	40	37CH – 37FH	56	3BCH – 3BFH
9	300H – 303H	25	340H – 343H	41	380H – 383H	57	3C0H – 3C3H
10	304H – 307H	26	344H – 347H	42	384H – 387H	58	3C4H – 3C7H
11	308H – 30BH	27	348H – 34BH	43	388H – 38BH	59	3C8H – 3CBH
12	30CH – 30FH	28	34CH – 34FH	44	38CH – 38FH	60	3CCH – 3CFH
13	310H – 313H	29	350H – 353H	45	390H – 393H	61	3D0H – 3D3H
14	314H – 317H	30	354H – 357H	46	394H – 397H	62	3D4H – 3D7H
15	318H – 31BH	31	358H – 35BH	47	398H – 39BH	63	3D8H – 3DBH
16	31CH – 31FH	32	35CH – 35FH	48	39CH – 39FH	64	3DCH – 3DFH

以图9.3所建立的系统为例，设远程寄存器（RWw）的起始地址为W0，这里同样只具体介绍主站和前两个远程站，如图9.9所示，了解主站模块的缓存寄存器（BFM）与远程站的远程寄存器（RWr）之间数据是如何进行传输的。

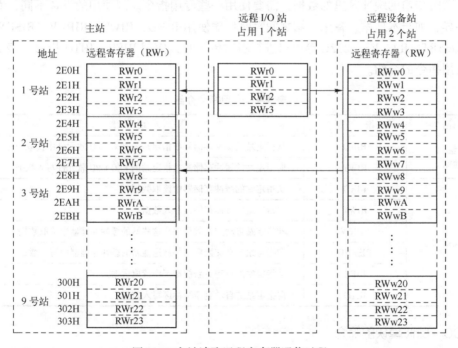

图9.9 主站读取远程寄存器通信过程

【注意】

同RX、RY一样，无论某个站是否用到寄存器，其对应的远程寄存器都是固定的，不能随便使用。

(5) CC-Link 模块读写指令介绍

CC-Link 通信模块和 PLC 基本单元之间及 CC-Link 通信模块之间的数据传送是通过 CC-Link 通信模块的缓冲存储器来执行的。CC-Link 通信模块的缓冲存储器包括循环传输的缓存存储区和瞬时传输的缓冲存储区,如图9.5所示。对于循环传输的缓存区里的数据,使用 FROM/TO 指令就可以在 CC-Link 通信模块 BFM 与 PLC 之间对数据进行读写,实现数据的传送和交换,如图9.10所示,具体功能指令格式见任务7。

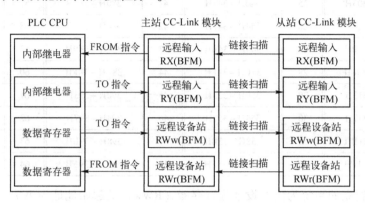

图9.10 主站 PLC 数据写入和读取过程

对于瞬时传输的缓冲区里的数据,需要使用一些专用指令。因使用的设备不同,专用指令也有所差异,如与本地站、备用主站之间瞬时传输使用 RIRD、RIWT、RIRCV、RISEND 指令。在使用 AJ65BT-R2、RS-232C 等串口进行瞬时传输时,使用 RIFR、RITO 指令,表9.9给出了这些专用指令的介绍。

表9.9 专用指令介绍

适用站	指令	功能
主站 本地站	RIRD	从指定站的缓冲存储器或指定站的 PLC CPU 软元件中读取数据
	RIWT	向指定站的缓冲存储器或指定站的 PLC CPU 软元件写入数据
智能设备站	RIRD	从指定站的缓冲存储器中读取数据
	RIWT	向指定站的缓冲存储器写入数据
	RIRCV	和指定站自动交换数据并从这些站的缓冲存储器中读取数据
	RISEND	和指定站自动交换数据并从这些站的缓冲存储器中写入数据
	RIFR	从指定站的自动更新缓冲区中读取数据
	RITO	向指定站的自动更新缓冲区写入数据

2. CC-Link 模块的简介

在 CC-Link 中,所有主站和从站之间的通信进程以及协议都是由 CC-Link 通信模块控制并执行的,CC-Link 网络运行的高效和稳定也是由 CC-Link 通信模块硬件的结构设计保证的。为适应不同系列设备的应用和不同的工业生产应用场合,CC-Link 网络开发了丰富的产业线,建立了配套不同设备使用的不同 CC-Link 通信模块。下面介绍几种常用的 CC-Link 通信模块。

(1) 主站模块

CC – Link 网络中，主站 CC – Link 模块是必不可缺的，控制着整个 CC – Link 网络系统数据的传输和监控。主站一般是由具有 CPU 的不同系列 PLC（Q、QnA、QnAS、A、AnS、FX 系列 PLC）和与之配套的 CC – Link 通信模块组成。对于连接在 CC – Link 网络上的不同系列的 PLC CPU，有着不同型号的 CC – Link 主站模块。表 9.10 给出了不同系列 PLC CPU 的 CC – Link 主站模块。

表 9.10 不同系列 PLC CPU 的 CC – Link 主站模块

PLC	主站型号	占用 I/O 点数	是否可做从站使用	占 用 站 数
Q 系列	QJ61BT11N	32	是	1~4（可随意设定）
QnA 系列	AJ61QBT11	32	是	1~4（可随意设定）
QnAS 系列	A1SJ61QBT11	32	是	1~4（可随意设定）
A 系列	AJ61BT11	32	是	1~4（可随意设定）
AnS 系列	A1SJ61BT11	32	是	1~4（可随意设定）
FX 系列	FX2N – 16CCL – M	8	否	—

如表 9.10 所示，不同系列的 PLC 连接的主站模块是不同的，不同主站 CC – Link 网络模块占用的 I/O 点数也是不一样的，其中 Q、QnA、QnAS、A、AnS 系列 CC – Link 网络模块占用 32 个 I/O 点数，FX 系列只占用 8 个 I/O 点数。对于不同系列的 PLC，有些主站模块也可以作为本地站使用，PLC 作为主站占用的站数是不需要设置的，作为本地站时，占用的站数为 1~4 个。而 FX 系列的主站模块只能作为主站使用，且主站站号必须为 0。下面具体介绍一下 Q 系列和 FX 系列 CC – Link 网络模块。

① Q 系列主站 CC – Link 通信模块简介。

Q 系列 PLC 采用模块化的结构形式，采用该结构使得 Q 系列的组成与规模灵活可变，其性能水平居世界领先地位，适用于各种中等复杂机械、自动生产线的控制场合。Q 系列 PLC CPU 必须安装在扩展基板上，如图 9.11 所示，通过扩展基板可以增加 I/O 点数，扩大程序存储器容量，通过各种特殊功能模块可以提高 PLC 的性能，扩大 PLC 的应用范围。对于构建一个 Q 系列 PLC 的 CC – Link 网络系统，除了 Q 系列 CPU 外，还必须具有 Q 系列电源和 Q 系列 CC – Link 模块，如图 9.12 所示。

图 9.11 Q 系列的基板实物

图 9.12 Q 系列 CC – Link 网络系统主站

【工程经验】

为了实际应用方便，一般将 CC – Link 通信模块接在主站的最后一个模块位置上，这样可以方便计算，避免出现错误。

图 9.13　QJ61BT11N 实物图

Q 系列 CC – Link 模块 QJ61BT11N 的实物如图 9.13 所示，其面板主要包括 4 部分，分别是 LED 显示、站号设定、传送速度/模式设定和接线端子台。

❶ LED 状态显示：LED 指示灯 ON/OFF 的状态显示了数据连接的状态，如表 9.11 所示为各指示灯代表的含义。

❷、❸ 站地址设定开关：通过这些开关的调节来设定此模块的站号。主站：0；本地站、备用主站：1～64。在这里要注意❷站号设定的是十进制的十位，❸站号设定的是十进制的个位。

❹ 传输速度/模块设定开关：用于设定模块的传输速度和操作模式。Q 系列 CC – Link 模块 QJ61BT11N 的传输速度、模块设定开关是同一个，也只有 QJ61BT11N 的传输速度、模块设定是同一个，其他的主站模块全部是分开的。表 9.12 给出了 QJ61BT11N 模块所对应的传输速度、模块设定开关的对应关系。

❺ 端子台：QJ61BT11N 模块包括 5 个接线端子，端子台主要用于连接 CC – Link 专用电缆或普通电缆，实现数据的接收和发送，如图 9.14 所示，DA 和 DB 用于传输信号，DG 用于接地线，SLD 用于信号屏蔽。

表 9.11　QJ61BT11N 模块 LED 状态显示

LED 名称	含　义
RUN	ON：模块正常
ERR.	ON：所有站通信故障；闪烁：有数据链接故障站
MST	ON：设定为主站
S.MST	ON：设定为备用主站
L.RUN	ON：进行数据链接
SD	ON：发送数据
RD	ON：接收数据

表 9.12　QJ61BT11N 模块传输速度、模块设定开关对应关系

号码	传输速度	最大传输距离
0	156Mbps	1200m
1	625Mbps	600m
2	2.5Mbps	200m
3	5Mbps	150m
4	10Mbps	100m

图 9.14　QJ61BT11N 接线端子台

关于 Q 系列的数据通信在前面缓冲存储器（BFM）功能分配中已具体介绍过，这里不再赘述。

② FX 系列主站模块简介。

FX 系列 PLC 的加入可以大大降低 CC – Link 网络系统的构建成本，但功能和使用上与 A/QnA/Q 系列主站模块有明显的差异，如表 9.13 所示。

表 9.13　FX 系列主站模块与 A/QnA/Q 系列主站模块的区别

项　目	FX 系列主站模块	A/QnA/Q 系列主站模块
适用功能	主站	主站 本地站 备用主站
可连接的模块数	远程 I/O 站：最多 7 个 远程设备站：最多 8 个	远程 I/O 站：最多 64 个 远程设备站：最多 42 个 本地站/备用主站/智能设备站：最多 26 个
每个站中最大可以链接的点数	远程 I/O（RX/RY）：32 远程寄存器（RWw/RWr）：4	远程 I/O（RX/RY）：32 远程寄存器（RWw/RWr）：4
扫描周期	异步方式	异步方式 同步方式
自动刷新	不支持	支持
智能设备站	不能连接	能够连接

由表 9.13 可以看出，FX 系列作为主站时，最多可以连接 7 个远程 I/O 站和 8 个远程设备站，使用时只能作主站，不能作为备用主站和本地站，且不能连接本地站和智能设备站，只能构建一个小型高速现场网络系统。

FX 系列作为主站和从站时，它们所使用的 CC – Link 网络模块是不同的，CC – Link 网络模块只能作为特殊功能模块通过扩展电缆与 FX 系列 PLC 相连，FX 系列主站 CC – Link 通信模块 FX$_{2N}$ – 16CCL – M 再与其他从站 CC – Link 模块通过专用电缆相连接。如图 9.15 所示为 FX 系列主站 CC – Link 模块 FX$_{2N}$ – 16CCL – M 与 FX 系列 PLC 的连接图。

FX 系列 CC – Link 模块 FX$_{2N}$ – 16CCL – M 的实物如图 9.16 所示，其面板主要包括 6 部分，分别是 LED 显示、站号设定、模块设定开关、传输速度设定开关、状态设定开关和接线端子台。

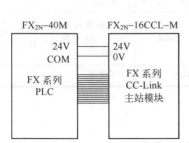

图 9.15　FX$_{2N}$ – 16CCL – M 与 FX 系列 PLC 的连接

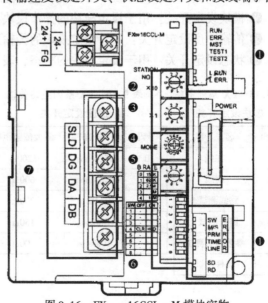

图 9.16　FX$_{2N}$ – 16CCL – M 模块实物

❶ LED 显示：LED 指示灯 ON/OFF 的状态显示了数据连接的状态，表 9.14 为各指示灯代表的含义。

表 9.14　FX 系列主站模块 LED 状态显示

LED 名称		含　　义
RUN		ON：模块正常
ERR.		ON：所有站通信故障； 闪烁：有通信故障站
MST		ON：设定为主站
TEST1		显示测试结果
TEST2		显示测试结果
L. RUN		ON：数据链接执行中（本站）
L. ERR		ON：通信故障（本站）； 闪烁：在通电的时候，改变了开关设置
POWER		24VDC 为外部供电时点亮
ERROR	SW	ON：开关设定错误
	M/S	ON：同一根总线上已经有一个主站
	PRM	ON：参数设置错误
	TIME	ON：数据链接的监控定时有效（所有的站出错）
	LINE	ON：电缆断线，或者传输线路受到噪声干扰等
SD		ON：发送数据
RD		ON：接收数据

❷、❸站号设定开关：通过这些开关的调节来设定此模块的站号：00，与之前 Q 系列 CC-Link 模块不一样，FX_{2N}-16CCL-M 只能作主站使用，即站号只能设为 00。

❹ 模块设定开关：用于设定模块的操作模块，表 9.15 为各号码代表的含义。

❺ 传输速度设定开关：用于设定模块的传输速度，表 9.16 为各号码代表的含义。

❻ 状态设定开关：用于设定模块的状态，表 9.17 为各号码代表的含义。

表 9.15　FX 系列主站模块设定开关

号码	名　　称
0	在线
2	离线
3	路线测试 1
4	路线测试 2
5	参数检查测试
6	硬件测试

表 9.16　FX 系列主站传输速度设定开关

号码	传输速度	最大传输距离
0	156Mbps	1200m
1	625Mbps	600m
2	2.5Mbps	200m
3	5Mbps	150m
4	10Mbps	100m

表 9.17　FX 系列主站状态设定开关

号　码	设　定	开关状态
SW1～SW3	不使用	—
SW4	数据链接故障站的输入数据的状态	OFF：清除 ON：保持
SW5～SW6	不使用	—

❼ 端子台：FX$_{2N}$ - 16CCL - M 除要连接 CC - Link 专用电缆或普通电缆外，还需要连接 24V 电源，如图 9.15 所示。

（2）从站模块

从站的类型很多，如表 9.2 所示，有远程 I/O 模块，图形操作模块、模拟/数字转换模块、变频器模块、高数计数器模块、RS - 232 接口模块、温度输入模块和 FX 系列 PLC 从站模块等。这些模块有的作为 CC - Link 的远程 I/O 站，有的作为 CC - Link 的远程设备站和远程智能站，下面主要介绍变频器从站模块。

变频器的种类非常多，这里以三菱 FR - A740 - 0.75 K - CHT 变频器为例来进行介绍，该变频器采用的 CC - Link 模块为 FR - A7NC，该模块如图 9.17 所示。

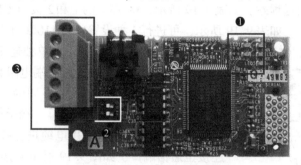

图 9.17　FR - A7NC 从站模块

在 FR - A7NC 的面板上主要包括 3 部分，分别是 LED 显示、终端电阻选择开关和通信端口。

❶ LED 显示：LED 指示灯 ON/OFF 的状态显示了数据连接的状态，表 9.18 为各指示灯代表的含义。

表 9.18　FR - A7NC 从站模块 LED 状态显示

LED 名称	含　义
RUN	ON：模块正常
L.RUN	ON：数据链接执行中（本站），数据传输停止一段时间后熄灭
L.ERR	ON：通信故障（本站） 闪烁：在通电的时候，改变了开关设置
SD	ON：发送数据
RD	ON：接收数据

❷ 终端电阻选择开关：工业自动化中可采用共享一个链接系统如 CC - Link 远程设备站的多个变频器，并通过 PLC 用户程序进行控制和监视。为了保证通信的可靠性，除了使用 CC - Link 专用电缆的屏蔽线，还需要连接终端电阻。对于主站 PLC CC - Link 模块没有终端电阻选择开关，我们会附带 2 个 110Ω 和 130Ω 的终端电阻，在 FR - A7NC 中我们有终端电阻选择开关（SW2），可以通过设置终端电阻选择开关来设置终端电阻，不需要外接终端电阻，具体设置如表 9.19 所示。

表 9.19 FR－A7NC 从站模块终端电阻设置

SW2	1	2	说　明
	OFF	OFF	无终端电阻
	ON	OFF	请勿使用这些端子
	OFF	ON	130Ω
	ON	ON	110Ω

若变频器作为中间远程站，如表 9.19 所示，将 SW2 的 1 和 2 设至 OFF（无终端电阻）。若变频器作为终端远程站，如表 9.19 所示，可进行 3 种设置：接 110Ω 电阻时，将 SW2 的 1 和 2 设至 ON；接 130Ω 电阻时，将 SW2 的 1 设至 OFF，2 设至 ON；单独连接一个终端电阻时，将 SW2 的 1 和 2 设至 OFF（无终端电阻）。

图 9.18　FR－A7NC 从站端子排接线端子顺序

❸ 通信端口。与端子台不同的是，FR－A7NC 的通信端口采用的是可拆卸式端子排。端子排按照图 9.18 所示的接线顺序与 CC－Link 专用电缆进行接线，将接好的端子排连接至通信端口，如图 9.19 所示是连接好的 FR－A7NC 实物端子排。

图 9.19　FR－A7NC 实物接线端子排

FR－A7NC 模块的安装步骤如下所述。

第一步：打开变频器前盖。

第二步：将 FR－A7NC 模块的接口牢固地装配到变频器的接口上，如图 9.20 所示，图 (a) 为安装变频器主板的位置图，方框部分为变频器主板的安装位置。

第三步：将端子排连接至接口以进行通信选件的通信。

第四步：将变频器前盖上的 LED 显示盖板的安装窗口打开，将 FR－A7NC 模块的 LED 显示盖板置于变频器前盖，图 9.20 (b) 为安装好的变频器，方框部分为 FR－A7NC 模块的 LED 显示盖板。

从以上对 FR－A7NC 面板的分析可以发现，在 FR－A7NC 面板上没有设置站号，而我们知道每个从站均要设置自己的站号，那么变频器是如何进行站号设置的呢？下面来看一下变频器 CC－Link 的参数设置，如表 9.20 所示。

任务9　PLC 网络控制变频器运行操作训练

　　(a)　　　　　　　　　　(b)

图 9.20　FR – A7NC 安装位置图

表 9.20　FR – A700 变频器的参数设置

参 数 号	名　　称	设　定　值
Pr. 79	运行模式选择	0
Pr. 340	通信启动模式选择	1
Pr. 542	变频器站号设置	1～64
Pr. 543	速率选择	0～4

　　通过 Pr. 340、Pr. 79 的共同设置，确定接通电源时或电源恢复时变频器的运行模式是网络运行模式。变频器的站号是通过 Pr. 542 进行设置的，速率的设置是通过 Pr. 543 来进行设置的，设置范围为 0～4，各设定值代表的含义与表 9.12 一致。

【注意事项】

　　变频器在 CC – Link 网络中是只占用 1 个站的远程设备站，对于一个 Q 主站最多可连接 42 个变频器。

　　下面具体介绍变频器的数据通信，变频器与主站 CC – Link 的通信，主要是主站对变频器的读/写，变频器不能对主站进行读/写操作。

　　① 变频器至主站的输入信号（RX），如表 9.21 所示；主站至变频器的输出信号（RY），如表 9.22 所示。

表 9.21　变频器至主站的输入信号（RX）

设备编号	信　　号	设备编号	信　　号
RX0	正转中	RX5	瞬时停电（端子 IPF 功能）
RX1	反转中	RX6	频率检测（端子 FU 功能）
RX2	运行中（端子 RUN 功能）	RX7	异常（端子 ABC1 功能）
RX3	频率到达（端子 SU 功能）	RX8	（端子 ABC2 功能）
RX4	过负荷报警（端子 OL 功能）	RX9	（D00 功能）

续表

设备编号	信 号	设备编号	信 号
RXA	(D01 功能)	RXE	频率设定完成/转矩指令设定完成（RAM，EEPROM）
RXB	(D02 功能)	RXF	命令代码执行完成
RXC	监视中	RX1A	异常状态标志
RXD	频率设定完成/转矩指令设定完成（RAM）	RX1B	远程站就绪

表 9.22 主站至变频器的输出信号 (RY)

设备编号	信 号	设备编号	信 号
RY0	正转命令	RY9	输出停止
RY1	反转命令	RYA	启动信号自保持选择（端子 STOP 功能）
RY2	高速运行指令（端子 RH 功能）	RYB	复位（端子 RES 功能）
RY3	中速运行指令（端子 RM 功能）	RYC	监视命令
RY4	低速运行指令（端子 RL 功能）	RYD	频率设定指令/转矩指令（RAM）
RY5	点动运行命令（端子 JOG 功能）	RYE	频率设定指令/转矩指令（RAM，EEPROM）
RY6	第二功能选择（端子 RT 功能）	RYF	命令代码执行请求
RY7	电流输入选择（端子 AU 功能）	RY1A	异常复位请求标志
RY8	瞬时停电再启动选择（端子 CS 功能）		

下面以 Q 系列 PLC 为主站来介绍主站 PLC 与变频器之间的输入/输出信号链接，如图 9.21 所示。在这里变频器占用 1 个站，变频器 RX、RY 的存储内容分别对应表 9.21 和表 9.22。

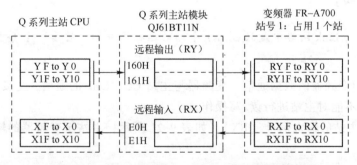

图 9.21 变频器信号 RX、RY 与主站的数据链接

【例 9.3】根据 CC - Link 网络的数据链接，完成 CC - Link 网络对变频器输入/输出信号的读/写，以 Q 系列 PLC 为例，编写程序完成对电机的控制，闭合 M20，电机高速正转运行。

要控制变频器高速正转，需要对 RY0（正转命令）和 RY2（高速运行指令）进行置位，在该系统中，RY0 对应 Y0，RY2 对应 Y2，即闭合 M20 后，正转命令（Y0）和高速运行指令（Y2）得电，具体程序如图 9.22 所示。

② 存放设定至变频器的参数（RWw），如表 9.23 所示；存放从变频器读取的数据

（RWr），如表9.24所示。

图9.22 控制变频器高速正转的程序

表9.23 存放设定至变频器的参数（RWw）

地　址	说　明	
	高8位	低8位
RWwn	监视器代码2	监视器代码1
RWwn+1	设定频率（以0.01Hz为单位）/转矩指令	
RWwn+2	H00（任意）	命令代码
RWwn+3	写入数据	

表9.24 存放从变频器读取的数据（RWr）

地　址	说　明	
	高8位	低8位
RWrn	第一监视器值	
RWrn+1	第二监视器值	
RWrn+2	应答代码2	应答代码1
RWrn+3	读取数据	

下面以Q系列PLC为主站来介绍主站PLC与变频器之间的远程寄存器数据链接，假设远程寄存器RWw刷新软元件的起点是W0，远程寄存器RWr刷新软元件的起点是W10，如图9.23所示。变频器占用1个站，变频器数据存储单元以刷新软元件为起点，占用4个字，对应表9.23和表9.24。

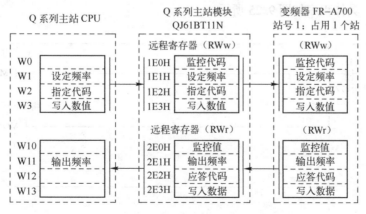

图9.23 变频器远程寄存器与主站的数据链接

如图9.23所示，PLC将设定的命令代码通过主站CC-Link模块远程寄存器RWw传给变频器远程寄存器 RWw，变频器改变输出频率，同时将命令代码读取的内容保存在变频器远程寄存器 RWr 中，主站 PLC 通过主站 CC – Link 模块读取变频器输出频率。

对于 FR – A700 系列变频器，不仅可以设定变频器的频率参数，还可以设定变频器的转矩参数。在实时无传感器矢量控制或矢量控制下的转矩控制时，通过设置变频器参数 Pr. 544 和 Pr. 804 可以将图 9.23 中的"W1"中的"设定频率"设置为"设定转矩"，具体操作如下：

① 设置变频器参数 Pr. 544 为"0"、"1"或"12"。

② 设置变频器参数 Pr. 804 为"3"或"5"。

【例 9.4】设定频率值为 50Hz，则在 RWwn +1 中应输入多少？

在 RWwn +1 中，若存储频率是以 0.01Hz 为单位的，则 50Hz 应写入"5000"。

【例 9.5】根据 CC – Link 网络的数据链接，完成 CC – Link 网络对变频器远程寄存器的读写，以 Q 系列 PLC 为例，编写程序完成对变频器远程寄存器的读写，要求闭合 M22，将 D30 中的数值送给 RWwn，同时将 RWrn 中的数值读到 D20 中。

要在 RWwn 中写入数值，可以采用传送指令 MOV，RWwn 在该系统中对应 W0，即将 D30 中的数值送给 W0；要读取 RWrn 中的数值，RWrn 在该系统中对应 W10，即将 W10 中的数值送给 D20，具体程序如图 9.24 所示。

图 9.24 监控变频器数据存储器的程序

【例 9.6】根据 CC – Link 网络的数据链接，通过 CC – Link 网络完成对变频器的远程设置，以 Q 系列 PLC 为例，编写程序完成对变频器高速设定 Pr. 4 的设置，将其改为 40Hz。

首先该程序是要在 RWwn 中写入数值，RWwn +2 写入命令代码，RWwn +3 写入数值，即将 Pr. 4 的命令代码写入到 RWwn +2（该系统中为 W2）中，将 K4000 写入到 RWwn +3（该系统中为 W3）中，具体程序如图 9.25 所示。

图 9.25 监控变频器数据存储器的程序

3. CC – Link 网络配置

CC – Link 网络配置主要包括 5 个部分，分别是 CC – Link 模块设定、硬件接线、网络参数设置、创建主站程序和执行数据链接。

(1) 主站和从站 CC – Link 模块设定

在主站模块的面板上设置站号、模式、传输速率及条件。

① Q 主站模块设定。将 QJ61BT11N 的站地址开关设置为 "00"；传输速率、模块设定开关设置为 0，即速率为 156kb/s，模式在线。

【注意事项】

(1) 在设定站号时，请确定站号开关设置于开关数字的位置，若设定在中间位置则不能正常通信，如图 9.26 所示。

(2) 主站的传输速率要与远程站的传输速率保持一致，否则会出现 CC – Link 网络通信异常，无法进行数据链接。

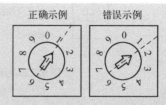

图 9.26　QJ61BT11N 开关设置位置

【现场讨论】

QJ61BT11N 模块作主站时，②、③站号设定开关分别是多少？能不进行设置吗？为什么？

②、③站号设定开关均设为 0；当 QJ61BT11N 模块作主站时，②、③站号设定开关需要进行设定，特别是对于用过的 QJ61BT11N 模块，该模块既可以作主站使用，也可以作本地站使用，所以需要重新设定，以防之前作为从站使用。但通常来说对于新的 QJ61BT11N 模块，出产时站号就已经设定为 00，不需要重新设置，不过为安全起见，QJ61BT11N 模块作主站最好重新设一下站号。

② FX 主站模块设定。将 $FX_{2N}-16CCL-M$ 的站地址开关设置为 "00"；传输速率、模块设定开关设置为 0，在线；传输速率开关设定为 0，即速率为 156kb/s。

③ 变频器从站模块设定。FR – A7NC 终端电阻选择开关依实际情况而定，若变频器作为中间远程站，如表 9.9 所示，将 SW2 的 1 和 2 设至 OFF（无终端电阻）。若变频器作为终端远程站，如表 9.9 所示，可进行 3 种设置：接 110Ω 电阻时，将 SW2 的 1 和 2 设至 ON；接 130Ω 电阻时，将 SW2 的 1 设至 OFF，将 2 设至 ON；若单独连接一个终端电阻，将 SW2 的 1 和 2 设至 OFF（无终端电阻）。

变频器参数设置按照以下步骤完成：

步骤一：将变频器参数清零。

步骤二：用 Pr. 542 设置变频器站号。

步骤三：用 Pr. 543 设置波特率，与 PLC 参数设置一致。

步骤四：设置网络模式，将 Pr. 340 置为 1，将 Pr. 79 置为 0。

步骤五：设置完成后断电再上电。

(2) 硬件接线

CC - Link 总线和其他总线一样都有专用总线，专用总线的使用减少了配线和安装设备的时间，既有利于维护，又大大提高了生产效率。硬件接线电缆采用的是方便可靠的三芯屏蔽双绞线，为提高 CC - Link 系统的性能，建议使用 CC - Link 专用电缆，QJ61BT11N 主站模块与变频器的接线示意图如图 9.27 所示。

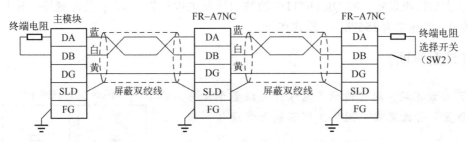

图 9.27　QJ61BT11N 主站模块与变频器的接线示意图

【注意事项】

在接线时，请务必在各模块电源为 OFF 的状态下连接电缆。

为提高 CC - Link 网络数据传输的抗干扰能力，采用 CC - Link 专用电缆时，需在主站和最远终端，DA 和 DB 两数据线间接 330Ω 的终端电阻，如图 9.27 所示。若采用的是普通线缆，需在终端 DB、DA 间接 110Ω 的终端电阻。

【工程经验】

一般为了实际操作和安装方便，如无特殊要求，在工程上我们将从站按照由近到远的顺序进行接线和站号分配。

(3) 主站模块 CC - Link 网络参数设置

① Q 系列主站模块 CC - Link 网络参数设置。

Q 系列主站模块 CC - Link 网络参数设置是在三菱编程软件中进行设置的，这里采用编程软件 MELSOFT 系列 GX Works2 来进行参数设置，以图 9.3 的 CC - Link 网络系统为例设置 CC - Link 网络参数，如图 9.28 所示。

❶ 新建工程，打开网络参数设置，选择 CC - Link 选项进行参数设置。

❷ 待打开网络参数窗口后，进行相应的参数设置。

　A. 设置基板数

　B. 模块起始地址

　C. 此模块的站类型

　D. 远程站

　E. 远程站的个数

　F. 刷新区设定

　G. 重复次数和自动恢复台数

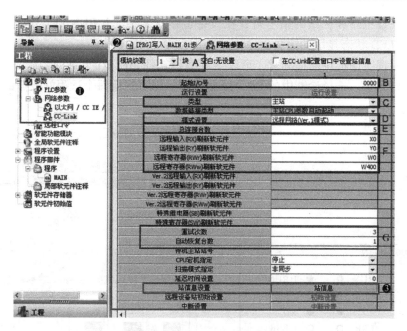

图 9.28　CC - Link 网络参数设置

【注意事项】

在设置 B 模块起始地址时要大于 Q 系列 PLC 上已经占用是 I/O 点数，在设置 F 刷新区时，远程输入（RX）和远程输出（RY）应高于 B 模块起始地址。

F 刷新区的刷新软元件均指的是 CC - Link 网络中远程站的起始地址。

❸ 站信息设定，如图 9.29 所示。

图 9.29　CC - Link 网络站信息设置

在站信息设定窗口，可以设定每个从站的站信息，包括从站类型、扩展循环设置、每个从站的占用站数以及每个从站是设定为通信站、预留通信站或通信错误无效站。

在设置好 CC - Link 通信参数信息后，还要进行以下步骤，检测 CC - Link 网络数据链接是否正常。

步骤一：将 Q 系列主站模块的 CC - Link 网络参数设置完成后下载到 Q 系列主站中，写入以后掉电。

步骤二：完成所有远程站硬件设置和接线后，接通所有远程站电源，再接通主站电源。

181

步骤三：观察主站和从站的指示灯，在设备链接正常后，L RUN LED 亮起，Q 系列主站 CC – Link 模块 LED 状态显示如图 9.30 所示。

如果此时发现主站模块通信异常，可以通过编程软件 MELSOFT 系列 GX Works2 来检测哪个通信模块出现异常。选择诊断中的 CC – Link 诊断，即可观察每个远程站数据链接是否正常，如图 9.31 所示。

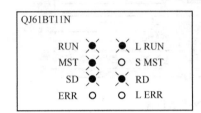

图 9.30　网络通信正常 Q 系列主站模块 LED 显示状态

图 9.31　CC – Link 诊断

在图 9.31 中，主站模块处于通信异常状态，1 号设备站处于通信异常状态，2 号设备站处于通信正常状态，需要检测 1 号远程设备站的硬件设置和参数设置是否正确。

根据以上自动更新缓冲区和 Q 系列 CC – Link 网络通信缓冲区，针对图 9.3 给出的 CC – Link 网络系统，将给出各远程站的地址分配结果，如表 9.25 所示。

表 9.25　各远程站地址分配

模 块 号	占 用 站 号	远程输入 （RX）地址	远程输出 （RY）地址	远程寄存器 （RWr）地址	远程寄存器 （RWw）地址
远程站 1	1 号站	XF～X0 X1F～X10	YF～Y0 Y1F～Y10	W3～W0	W403～W400
远程站 2	2 号站	X2F～X20 X3F～X30	Y2F～Y20 Y3F～Y30	W7～W4	W407～W404
	3 号站	X4F～X40 X5F～X50	Y4F～Y40 Y5F～Y50	WB～W8	W40B～W408
远程站 3	4 号站	X6F～X60 X7F～X70	Y6F～Y60 Y7F～Y70	WF～WC	W40F～W40C
	5 号站	X8F～X80 X9F～X90	Y8F～Y80 Y9F～Y90	W13～W10	W413～W410
	6 号站	XAF～XA0 XBF～XB0	YAF～YA0 YBF～YB0	W17～W14	W417～W414
	7 号站	XCF～XC0 XDF～XD0	YCF～YC0 YDF～YD0	W1B～W18	W41B～W418
远程站 4	8 号站	XEF～XE0 XFF～XF0	YEF～YE0 YFF～YF0	W1F～W1C	W41F～W41C
远程站 5	9 号站	X10F～X100 X11F～X110	Y10F～Y100 Y11F～Y110	W23～W20	W423～W420

如果你不会分配RX、RY，可以通过网络参数设置下方的X/Y分配确定，来确定每个站的RX和RY，具体如图9.32所示。

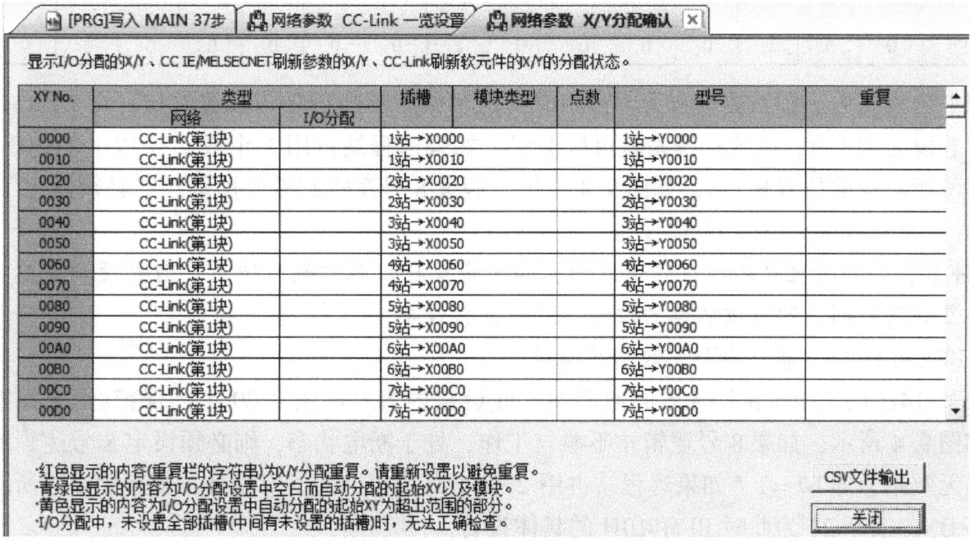

XY No.	类型		插槽	模块类型	点数	型号	重复
	网络	I/O分配					
0000	CC-Link(第1块)		1站→X0000			1站→Y0000	
0010	CC-Link(第1块)		1站→X0010			1站→Y0010	
0020	CC-Link(第1块)		2站→X0020			2站→Y0020	
0030	CC-Link(第1块)		2站→X0030			2站→Y0030	
0040	CC-Link(第1块)		3站→X0040			3站→Y0040	
0050	CC-Link(第1块)		3站→X0050			3站→Y0050	
0060	CC-Link(第1块)		4站→X0060			4站→Y0060	
0070	CC-Link(第1块)		4站→X0070			4站→Y0070	
0080	CC-Link(第1块)		5站→X0080			5站→Y0080	
0090	CC-Link(第1块)		5站→X0090			5站→Y0090	
00A0	CC-Link(第1块)		6站→X00A0			6站→Y00A0	
00B0	CC-Link(第1块)		6站→X00B0			6站→Y00B0	
00C0	CC-Link(第1块)		7站→X00C0			7站→Y00C0	
00D0	CC-Link(第1块)		7站→X00D0			7站→Y00D0	

图9.32　X/Y分配确定

② FX系列主站模块CC-Link网络参数设置。

对于小型FX系列PLC主站模块的CC-Link网络参数设置主要是利用专用寄存器，通过参数写入程序进行设定。下面介绍FX系列CC-Link通信参数信息设定的专用寄存器（缓冲存储器，简称BFM，它由1个字，即16个位组成）。

- BFM#01H——链接远程站数量的设定。

BFM#01H为1个十六进制数，用来设定与主站链接的远程站的数量，设定范围为1～15，此设定内容对应图9.28中的E环节设定。

- BFM#02H——重试次数的设定。

BFM#02H是1个设置错误的远程站可以进行重试的次数，默认值是3（次），设定范围为1～7，此设定内容对应图9.28中的G环节设定。

- BFM#03H——自动返回模块数量的设定。

BFM#03H对于1个扫描链接站中可以自动返回到系统中远程站模块的数量进行设定，默认值是1（块），设定范围为1～10，此设定内容对应图9.28中的G环节设定。

- BFM#06H —— 预防CPU死机的操作规格的设定。

BFM#06H用来规定当主站PLC出现运行停止错误时的数据链接状态，出厂值为K0。当(BFM#06H)=K0时，停止；当(BFM#06H)=K1时，继续。

- BFM#10H ——预留通信站的设定。

BFM#10H专门用来设定预留的通信站。通常是对包括在所链接的远程模块数量中，但实际上还没有链接的远程站进行设定，这样就不会被系统当作“数据链接错误”，设定范围为1～15，此设定内容对应图9.29中的保留/无效站指定设定。

表9.26　FX系列BFM#10H预留站设定

位	b15	b14	b13	b12	b11	b10	b9	b8	b7	b6	b5	b4	b3	b2	b1	b0
站号	–	15	14	13	12	11	10	9	8	7	6	5	4	3	2	1
状态								预留								
说明	0	0	0	0	0	0	0	1	0	0	0	0	0	0	0	0

当一台连接的远程站被设定为预留站时，这个站就不执行任何数据链接。在BFM#10H的相应位置设为ON时，则该远程站就可以保留。如果远程站占用2个或2个以上的逻辑站号，起始站号所对应的位置是ON。如图9.4所示，假设8号逻辑站需要预留，则必须设定b7=1，表9.26为此时BFM#10H的具体设置。

【注意】一般情况是不用设预留站的，如果希望在以后扩展时使用，则要设预留站，或者设备还没有及时到，预留该从站的位置，没有连接设备。

- BFM#14H——通信错误无效站的设定。

BFM#14H用来设定错误无效的通信站，此设定内容对应图9.29中的保留/无效站指定设定。如图9.4所示，如果8号逻辑站不参与工作，处于断电状态，则必须设定8号逻辑站为通信错误无效站，即b7=1。如果远程站占用2个或2个以上的逻辑站号，则起始站号所对应的位置是ON，表9.27为此时BFM#10H的具体设置。

表9.27　FX系列BFM#14H无效站设定

位	b15	b14	b13	b12	b11	b10	b9	b8	b7	b6	b5	b4	b3	b2	b1	b0
站号	–	15	14	13	12	11	10	9	8	7	6	5	4	3	2	1
状态									无效							
说明	0	0	0	0	0	0	0	0	1	0	0	0	0	0	0	0

- BFM#20H～BFM#2EH——工作站（模块）信息的设定。

BFM#20H～BFM#2EH用来设定远程工作站的信息。通过BFM#20H～BFM#2EH的设定，可以设定每个站的站类型、占用逻辑站的站数、占用逻辑站的起始站号等信息。表9.28介绍了每个站的设定规则及含义，此设定内容对应图9.29中的站信息设定。

表9.28　FX系列远程站信息设定

位	说　　明
b0～b7	远程站的起始站号
b8～b11	远程站占用站数　1：占用1个站 2：占用2个站 3：占用3个站 4：占用4个站
b12～b15	远程站的类型　0：表示远程I/O站 1：表示远程设备站

以图9.3中的CC-Link网络系统为例设置CC-Link网络参数。

设备1：起始站号为1号站，远程I/O站，占用1个逻辑站，因此设备1的站信息设定：BFM# 20H=0101H。

设备 2：起始站号为 2 号站，远程设备站，占用 2 个逻辑站，因此设备 2 的信息设定：BFM# 21H =1202H。

设备 3：起始站号为 4 号站，远程设备站，占用 4 个逻辑站，因此设备 3 的信息设定：BFM# 22H =1404H。

设备 4：起始站号为 8 号站，远程设备站，占用 1 个逻辑站，因此设备 4 的信息设定：BFM# 23H =1108H。

设备 5：起始站号为 9 号站，远程 I/O 站，占用 1 个逻辑站，因此设备 5 的信息设定：BFM# 24H =0109H。

- BFM#0AH——主站模块状态判定的设定。

BFM#0AH 用来判定主站模块的工作状态。当使用不同读写指令时，BFM#0AH 中各个位的含义是不同的，下面通过两个表格来具体介绍。表 9.29 介绍了使用读指令 FROM 时，BFM#0AH 中各个位的含义；表 9.30 介绍了使用写指令 TO 时，BFM#0AH 中各个位的含义。

表 9.29　使用 FROM 指令时，BFM#0AH 中各位的含义

	位	含义
FROM 指令	b0	模块错误
	b1	上位站的数据链接状态
	b2	参数设定状态
	b3	其他站的数据链接状态
	b4	接受模块复位
	b5	禁止使用
	b6	通过缓冲存储器参数来启动数据链接的正常完成
	b7	通过缓冲存储器的参数来启动数据链接的异常完成
	b8	通过 EEPROM 参数来启动数据链接的正常完成
	b9	通过 EEPROM 参数来启动数据链接的异常完成
	b10	将参数记录到 EEPROM 中去的正常完成
	b11	将参数记录到 EEPROM 中去的异常完成
	b14～b12	禁止使用
	b15	模块准备就绪

表 9.30　使用 TO 指令时，BFM#0AH 中各位的含义

	位	含义
TO 指令	b0	刷新指令
	b1	禁止使用
	b2	禁止使用
	b3	禁止使用
	b4	要求模块复位
	b5	禁止使用
	b6	要求通过缓冲存储器的参数启动数据链接
	b7	禁止使用
	b8	要求通过 EEPROM 的参数启动链接
	b9	禁止使用
	b10	要求将参数记录到 EEPROM 中
	b11～b15	禁止使用

以上是 FX 系列 CC - Link 通信参数信息设定的专用寄存器介绍，那么如何利用以上专用寄存器实现参数写入呢？主要是通过调试程序对 CC - Link 网络参数进行设定，具体主站参数写入（调试）的程序流程如图 9.33 所示。

以图 9.3 为例，具体的调试程序如图 9.34～图 9.37 所示。

　i 参数设定。

　ii 刷新指令。

　iii 通过缓冲存储器参数启动数据链接。

　iv 将参数写入 EEPROM。

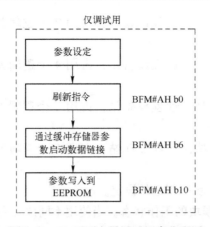

图 9.33 FX 系列主站调试程序流程图

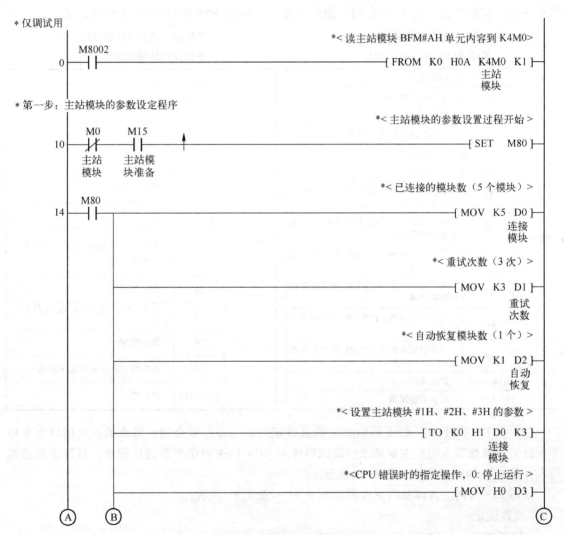

图 9.34 FX 系列主站调试程序（参数设定）

任务9 PLC 网络控制变频器运行操作训练

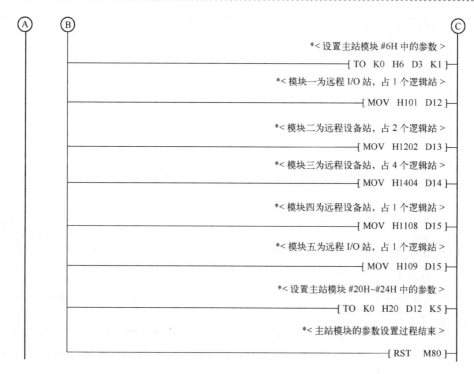

图 9.34 FX 系列主站调试程序（参数设定）（续）

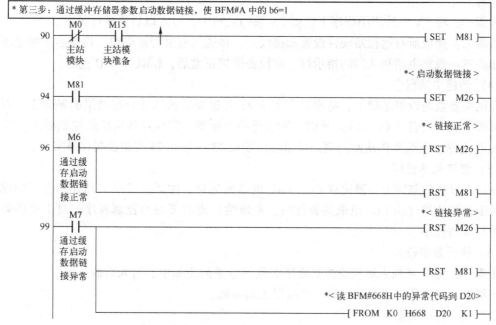

图 9.36 FX 系列主站调试程序（通过缓冲存储器参数启动数据链接）

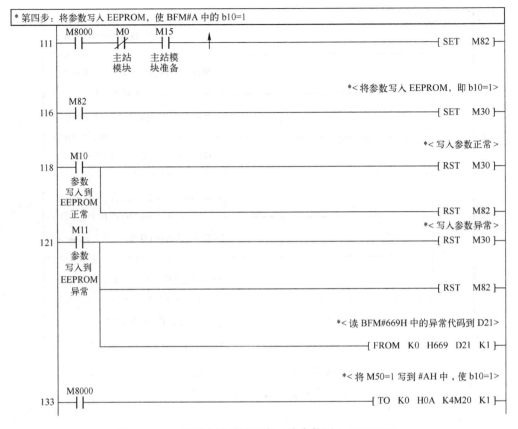

图 9.37　FX 系列主站调试程序（将参数写入 EEPROM）

在设置好 CC-Link 通信参数信息以后，还要进行以下步骤，检测 CC-Link 网络数据链接是否正常。

步骤一：将 FX 主站调用程序下载到 FX 系列主站中，写入以后要进行掉电。

步骤二：完成所有远程站硬件设置和接线后，接通所有远程站电源，再接通主站电源。

步骤三：观察主站和从站的指示灯，在设备链接正常后，L RUN LED 亮起。

（4）创建主站程序

在网络参数的设置基础上，特别是在表 9.25 各远程站的地址分配结果的基础上，对主站进行编程，就可以启动 CC-Link 通信，读取缓冲存储器，完成对各从站的控制要求，以 Q 系列 PLC 作主站、变频器作从站为例，可以参照图 9.23～图 9.25 主站控制程序实例。

（5）创建从站程序

在以上设置的基础上，要完成 CC-Link 网络的通信，除了要完成主站控制程序的编写以外，对于有些从站（由 PLC 组成的智能站、本地站）也需要编写控制程序，对于变频器则不需要编写从站程序。

（6）执行数据链接

步骤一：将 Q 系列主站模块控制程序下载到 Q 系列主站中，写入以后掉电。

步骤二：接通所有远程站电源，再接通主站电源。

步骤三：启动数据链接。

【任务实施】

1. 实训器材

① 变频器，型号为 FR – A740 – 0.75K – CHT，2 台/组。
② Q 系列 PLC，型号为 Q03UDE CPU、电源模块 Q61P 和基板 Q38B，1 套/组。
③ CC – Link 主站模块，型号为三菱 QJ61BT11N，1 个/组。
④ CC – Link 从站模块，型号为三菱 FR – A7NC，2 个/组。
⑤ 触摸屏，型号为昆仑通态 TPC1163KX，1 个/组。
⑥ 三相异步电动机，型号为 A05024，功率为 60W，2 台/组。
⑦ 维修电工常用仪表和工具，1 套/组。
⑧ 对称三相交流电源，线电压为 380V，2 个/组。

2. 实训步骤

课题 1　主站通过输入/输出信号完成对单台变频器的监控

（1）控制要求

建立 CC – Link 通信网络，Q 系列 PLC 为主站，变频器为远程设备站，主站通过 CC – Link 网络控制单台变频器运行。

基本要求：

① 分别对主站 CC – Link 模块进行硬件设置和硬件接线。
② 完成变频器参数的 CC – Link 设置。
③ 根据 CC – Link 网络控制要求，对主站 CC – Link 网络参数进行设置。
④ 编写 CC – Link 网络控制程序，通过 CC – Link 网络实现对变频器的控制。

进阶要求：

① 当按下触摸屏正转按钮时，工作指示灯点亮，PLC 控制变频器正转中速运行。
② 当按下触摸屏反转按钮时，工作指示灯点亮，PLC 控制变频器反转中速运行。
③ 当按下触摸屏停止按钮时，工作指示灯熄灭，PLC 控制变频器停止运行。
④ 对变频器的输出频率进行实时监视。

CC – Link 网络控制变频器组态画面如图 9.38 所示。

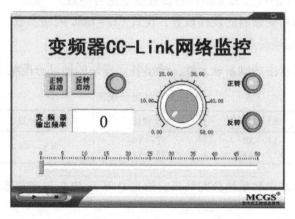

图 9.38　CC – Link 网络控制系统组态画面 1

（2）硬件设置

CC-Link 主站模块和 CC-Link 从站模块的硬件接线如图 9.39 所示。

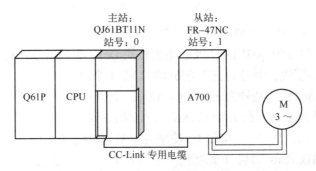

图 9.39　QJ61BT11N 与变频器从站的硬件接线

主站设置：将 QJ61BT11N 设置站号为 0 号站，波特率为 3。

变频器参数设置步骤：

步骤一：将变频器参数清零。

步骤二：将 Pr.542 变频器站号设置为 1。

步骤三：将 Pr.543 波特率设置为 3（与 PLC 参数设置一致）。

步骤四：将 Pr.340 网络模式设置为 1，将 Pr.79 设置为 0。

步骤五：设置完成后断电再上电。

（3）操作步骤

主站模块对变频器的网络控制，具体操作步骤如下：

第一步：根据接线图 9.27 和图 9.39，完成系统的硬件接线。

① 检查系统主站模块与变频器的接线是否与图 9.27 保持一致。

② 检查整个系统的接线是否与图 9.39 保持一致。

③ 检查系统的接线是否有松脱现象。

④ 检查 QJ61BT11N 的设置是否正确。

⑤ 检查变频器的参数设置是否正确。

⑥ 检查 QJ61BT11N 的设置和变频器的参数设置是否一致。

第二步：根据主站和变频器的硬件设置，设置 CC-Link 网络参数，如图 9.40 所示，并检测 CC-Link 网络数据链接是否正常。

第三步：根据第二步中的刷新软元件，给出各远程站的地址分配结果，如表 9.31 所示。

表 9.31　地址分配表

从站	RX 地址	RY 地址	RWr 地址	RWw 地址
1 号站：变频器	XF～X0 X1F～X10	YF～Y0 Y1F～Y10	W3～W0	W203～W200

第四步：根据控制要求和地址分配结果，给出 Q 系列 PLC 与变频器之间的输入/输出信号链接，如图 9.41 所示。

图 9.40　CC – Link 网络参数设置

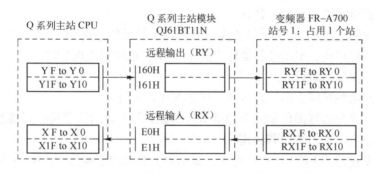

图 9.41　变频器信号 RX、RY 与主站的数据链接

第五步：根据控制要求，创建主站程序，如图 9.42 所示。

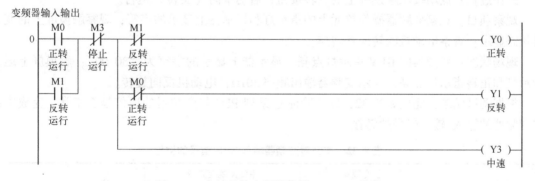

图 9.42　主站监控变频器信号 RX、RY 程序

第六步：根据系统控制要求，执行数据链接，执行步骤如下：
① 将 Q 系列主站模块控制程序下载到 Q 系列主站中，写入以后掉电。
② 接通所有远程站电源，再接通主站电源。
③ 启动数据链接，观察主站 PLC、QJ61BT11N 和变频器的指示灯是否正常。
（4）系统调试
检查控制系统的硬件接线是否与图 9.39 保持一致，检查接线端子的压接情况，观察接线是否有松脱现象。硬件电路经确认无误后，系统才可以上电调试运行。

① 通信设置。

操作过程：闭合空气断路器，先将变频器上电，再将 PLC 上电。

观察项目：观察 PLC 面板、主站模块和从站模块指示灯的状况；观察变频器操作单元上的指示灯和显示器上显示的字符；观察电动机的转向和转速。

现场状况：PLC 的 POW 和 RUN 指示灯点亮；QJ61BT11N 模块的 RUN、L. RUN、MST、SD 和 RD 指示灯点亮；变频器的 MON 和 EXT 指示灯点亮，显示器上显示的字符为"0.00"；电动机没有旋转；FR – A7NC 模块的 RUN、L. RUN、SD 和 RD 指示灯点亮。

② 功能调试。

第一步：正转启动变频器运行。

操作过程：点动按压触摸屏上的正转按钮，启动单向（正转）运行。

观察项目：观察变频器操作单元上的指示灯和显示器上显示的字符；观察触摸屏上的变频器状态显示；观察电动机的转向和转速。

现场状况：变频器的 FWD 指示灯点亮，显示器上显示的字符为"30.00"；触摸屏上运行指示灯和正转指示灯点亮，显示变频器输出频率 30Hz；电动机正向旋转。

第二步：停止变频器运行。

操作过程：点动触摸屏上的停止按钮，停止变频器运行。

观察项目：观察变频器操作单元上的指示灯和显示器上显示的字符；观察触摸屏上的变频器状态显示；观察电动机的转向和转速。

现场状况：变频器的 FWD 指示灯熄灭，显示器上显示的字符为"0.00"；触摸屏上运行指示灯和正转指示灯熄灭，显示变频器输出频率 0Hz；电动机停止旋转。

第三步：反转启动变频器运行。

操作过程：点动按压触摸屏上的反转按钮，启动单向（反转）运行。

观察项目：观察变频器操作单元上的指示灯和显示器上显示的字符；观察触摸屏上的变频器状态显示；观察电动机的转向和转速。

现场状况：变频器的 REV 指示灯点亮，显示器上显示的字符为"30.00"；触摸屏上运行指示灯和正转指示灯点亮，显示变频器输出频率 30Hz；电动机反向旋转。

根据调试结果，完成表 9.32，以此验证 Q 系列 PLC 与变频器的通信是否正常，完成主站与变频器的输入/输出信号的链接。

表 9.32 主站对变频器输入/输出信号的监控

操作	主站控制变频器		主站监视变频器		是	否
	运行方向	输出频率（Hz）	指示灯	监视频率（Hz）		
正转					□	□
停止					□	□
反转					□	□

课题 2　主站通过数据寄存器的写入和读取完成对单台变频器的监控

(1) 控制要求

① 采用图 9.38 所示的组态界面，使变频器按照 Q 系列 PLC 给定的运行频率（由 0Hz 逐渐

上升到 50Hz）运行，实现对变频器输出频率的精细调节。具体如下：通过转动触摸屏的频率调节旋钮或滑动触摸屏的频率调节亮条改变给定运行频率值，将该值通过触摸屏输入到 Q 系列 PLC 的数据存储器（W3）中，如图 9.23 所示，通过写入指令将数据寄存器中的数据写入到变频器中。观察 PLC W3 单元中的数据是否被刷新，观察变频器运行频率是否跟随设定值变化。当向右滑动亮条时，变频器应该升速；当向左滑动亮条时，变频器应该降速。

② 通过对 Q 系列 PLC 到变频器的远程存储器的写入和读取，完成对变频器运行状态和参数的控制和实时监控。

(2) 控制系统设计

根据课题 2 的控制要求，完成以下步骤：

第一步：根据接线图 9.27 和图 9.39，完成系统的硬件接线。

第二步：根据主站和变频器的硬件设置，设置 CC – Link 网络参数，如图 9.40 所示，并检测 CC – Link 网络数据链接是否正常。

第三步：根据第二步中的刷新软元件，给出各远程站的地址分配结果，如图 9.31 所示。

第四步：根据控制要求和地址分配结果，给出 Q 系列 PLC 与变频器之间的输入/输出信号链接，如图 9.43 所示。

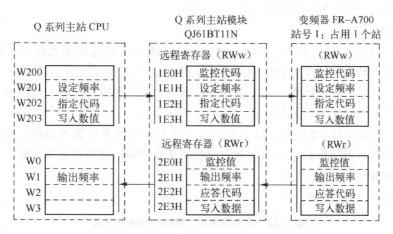

图 9.43　变频器远程寄存器与主站的数据链接

第五步：根据控制要求，创建主站程序，如图 9.44 所示。

第六步：根据系统控制要求，执行数据链接。

(3) 系统调试

检查控制系统的硬件接线是否与图 9.39 保持一致，检查接线端子的压接情况，观察接线是否有松脱现象。硬件电路经确认无误后，系统才可以上电调试运行。

① 通信设置。

由于课题 2 的通信设置过程与课题 1 的通信设置相似，所以此过程的叙述省略。

② 功能调试。

第一步：选择运行频率后，启动变频器。

操作过程：转动触摸屏的频率调节旋钮或滑动触摸屏的频率调节亮条，改变给定运行频率值，使运行频率的设定值由 0Hz 更新为 50Hz（假设先调成 50Hz），启动变频器运行。

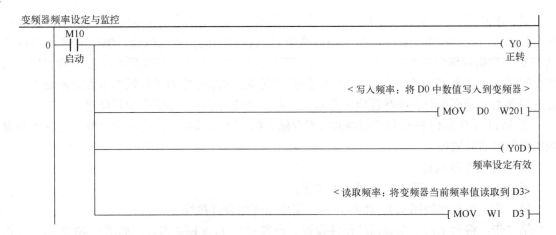

图9.44 主站监控变频器频率程序

观察项目：观察变频器操作单元上的指示灯和显示器上显示的字符；观察触摸屏上的变频器状态显示；观察电动机的转向和转速。

现场状况：变频器的FWD指示灯点亮，显示器上显示的字符为"50.00"；触摸屏上正转指示灯点亮，显示变频器输出频率为50Hz；电动机正向旋转。

第二步：精细调节输出频率。

操作过程：启动变频器运行后，转动触摸屏的频率调节旋钮或滑动触摸屏的频率调节亮条，改变给定运行频率值，使运行频率的设定值在0～50Hz之间变化。

观察项目：观察变频器操作单元上的指示灯和显示器上显示的字符；观察触摸屏上的变频器状态显示；观察电动机的转向和转速。

现场状况：变频器的FWD指示灯点亮，显示器上显示的字符为当前值；触摸屏上正转指示灯点亮，显示变频器输出频率的当前值；电动机正向旋转。变频器的输出频率和电动机的转速均可以连续调节。

根据调试结果，完成表9.33。

表9.33 设定频率与实际运行频率对照表

频率设定值（Hz）	0	10	20	30	40	50
频率设定值（触摸屏）						
频率显示值（变频器）						
频率显示值（触摸屏）						

课题3　主站控制多台变频器运行

（1）控制要求

采用通信方式控制两台变频器运行的组态画面如图9.45所示。

要求：

① 当点动按压1号变频器的正转或反转启动按钮时，PLC控制1号变频器以预置频率值正转或反转运行；当点动按压1号变频器的停止按钮时，PLC控制1号变频器停止运行。

② 当点动按压2号变频器的正转或反转启动按钮时，PLC控制2号变频器以预置频率值正转或反转运行；当点动按压2号变频器的停止按钮时，PLC控制2号变频器停止运行。

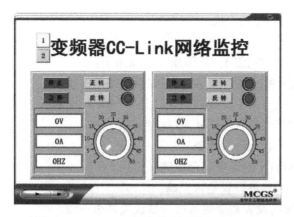

图 9.45 CC – Link 网络控制系统组态画面 2

③ 对 1 号和 2 号变频器的输出频率可以分别进行精细调节。
④ 对 1 号和 2 号变频器的运行参数（输出频率、输出电流和输出电压）进行实时监视。
⑤ 对 1 号和 2 号变频器的运行状态（正在运行、正转运行、反转运行）进行实时监视。
⑥ 当点动按压急停按钮时，PLC 控制 1 号和 2 号变频器同时停止运行。

(2) 硬件设置

CC – Link 主站模块和 CC – Link 从站模块的硬件接线如图 9.46 所示。

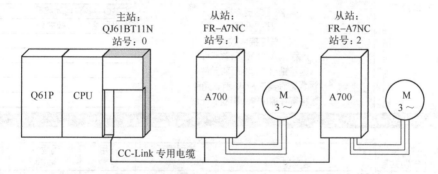

图 9.46 QJ61BT11N 与变频器从站的硬件接线

主站设置：将 QJ61BT11N 设置站号为 0 号站，波特率为 3。

1 号变频器参数设置步骤为：

步骤一：将变频器参数清零。

步骤二：将 Pr. 542 变频器站号设置为 1。

步骤三：将 Pr. 543 波特率设置为 3（与 PLC 参数设置一致）。

步骤四：将 Pr. 340 网络模式设置为 1，将 Pr. 79 设置为 0。

步骤五：设置完成后断电再上电。

2 号变频器参数设置步骤为：

步骤一：将变频器参数清零。

步骤二：将 Pr. 542 变频器站号设置为 2。

步骤三：将 Pr. 543 波特率设置为 3（与 PLC 参数设置一致）。

步骤四：，将 Pr. 340 网络模式设置为 1，将 Pr. 79 设置为 0。

步骤五：设置完成后断电再上电。

（3）操作步骤

主站模块对变频器的网络控制，具体操作步骤如下：

第一步：根据接线图 9.27 和图 9.46，完成系统的硬件接线。

① 检查系统主站模块与两个变频器的接线是否与图 9.27 保持一致。

② 检查整个系统的接线是否与图 9.46 保持一致。

③ 检查系统的接线是否有松脱现象。

④ 检查两个 QJ61BT11N 的设置是否正确。

⑤ 检查两个变频器的参数设置是否正确。

⑥ 检查 QJ61BT11N 的设置和变频器的参数设置是否一致。

第二步：根据主站和变频器的硬件设置，设置 CC – Link 网络参数，如图 9.47 所示，并检测 CC – Link 网络数据链接是否正常。

图 9.47　CC – Link 网络参数设置

第三步：根据第二步中的刷新软元件，给出各远程站的地址分配结果，如表 9.34 所示。

表 9.34　地址分配表

从站	RX 地址	RY 地址	RWr 地址	RWw 地址
1 号站：变频器	XF～X0 X1F～X10	YF～Y0 Y1F～Y10	W3～W0	W203～W200
2 号站：变频器	X2F～X20 X3F～X30	Y2F～Y20 Y3F～Y30	W7～W4	W207～W204

第四步：根据控制要求和地址分配结果，给出 Q 系列 PLC 与两个变频器之间的输入/输出信号和远程寄存器之间的数据链接，如图 9.48 和图 9.49 所示。

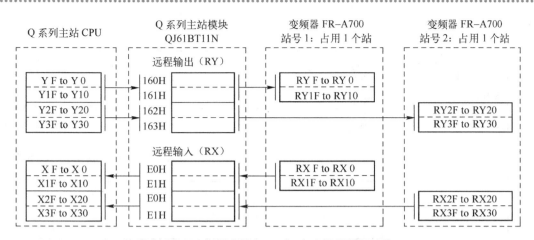

图 9.48 变频器信号 RX、RY 与主站的数据链接

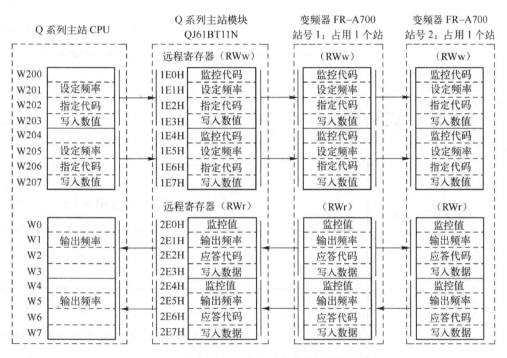

图 9.49 变频器远程寄存器与主站的数据链接

第五步：根据控制要求，创建主站程序，如图 9.50 所示。
第六步：根据系统控制要求，执行数据链接，执行步骤如下：
① 将 Q 系列主站模块控制程序下载到 Q 系列主站中，写入以后掉电。
② 接通所有远程站电源，再接通主站电源。
③ 启动数据链接，观察主站 PLC、QJ61BT11N 和变频器的指示灯是否正常。
（4）系统调试
检查控制系统的硬件接线是否与图 9.46 保持一致，检查接线端子的压接情况，观察接线是否有松脱现象。硬件电路经确认无误后，系统才可以上电调试运行。
① 通信设置。

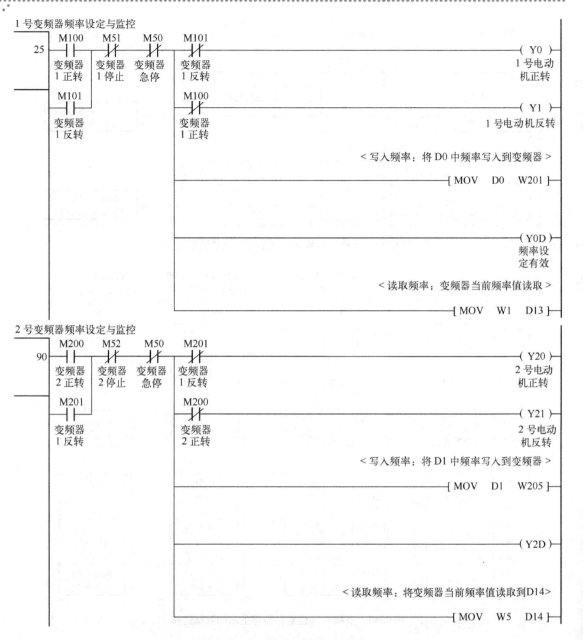

图 9.50　主站监控两台变频器程序

操作过程：闭合空气断路器，先将变频器上电，再将 PLC 上电。

观察项目：观察 PLC 面板、主站模块和从站模块指示灯的状况；观察两台变频器操作单元上的指示灯和显示器上显示的字符；观察电动机的转向和转速。

现场状况：PLC 的 POW 和 RUN 指示灯点亮；QJ61BT11N 模块的 RUN、L.RUN、MST、SD 和 RD 指示灯点亮；1 号变频器的 MON 和 EXT 指示灯点亮，显示器上显示的字符为"0.00"；电动机没有旋转；FR-A7NC 模块的 RUN、L.RUN、SD 和 RD 指示灯点亮；2 号变频器与 1 号变频器的状态一致。

② 功能调试。

第一步：选择 1 号变频器运行频率后，启动 1 号变频器正转。

操作过程：转动触摸屏上 1 号变频器的频率调节旋钮，改变给定运行频率值，将运行频率的设定值由 0Hz 更新为 50Hz（假设先调成 50Hz），启动 1 号变频器正转运行。

观察项目：观察 1 号变频器操作单元上的指示灯和显示器上显示的字符；观察触摸屏上 1 号变频器状态显示；观察电动机的转向和转速；同时观察 2 号变频器的状态。

现场状况：1 号变频器的 FWD 指示灯点亮，显示器上显示的字符为"50.00"；触摸屏上 1 号变频器正转指示灯点亮，显示 1 号变频器输出频率为 50Hz；电动机正向旋转；2 号变频器无变化。

第二步：精细调节 1 号变频器输出频率。

操作过程：启动变频器正转运行后，转动触摸屏中 1 号变频器的频率调节旋钮，改变给定运行频率值，将运行频率的设定值在 0～50Hz 之间变化。

观察项目：观察 1 号变频器操作单元上的指示灯和显示器上显示的字符；观察触摸屏上 1 号变频器状态显示；观察电动机的转向和转速；同时观察 2 号变频器的状态。

现场状况：1 号变频器的 FWD 指示灯点亮，显示器上显示的字符为当前值；触摸屏上正转指示灯点亮，显示 1 号变频器输出频率的当前值；电动机正向旋转。1 号变频器的输出频率和电动机的转速均可以连续调节；2 号变频器无变化。

第三步：停止 1 号变频器运行。

操作过程：点动触摸屏上 1 号变频器的停止按钮，停止 1 号变频器运行。

观察项目：观察 1 号变频器操作单元上的指示灯和显示器上显示的字符；观察触摸屏上 1 号变频器状态显示；观察电动机的转向和转速；同时观察 2 号变频器的状态。

现场状况：1 号变频器的 FWD 指示灯熄灭，触摸屏上显示当前的各项输出值均为 0；1 号电动机停止旋转；2 号变频器无变化。

第四步：选择 1 号变频器运行频率后，启动 1 号变频器反转。

操作过程：转动触摸屏上 1 号变频器的频率调节旋钮，改变给定运行频率值，将运行频率的设定值由 0Hz 更新为 50Hz（假设先调成 50Hz），启动 1 号变频器反转运行。

观察项目：观察 1 号变频器操作单元上的指示灯和显示器上显示的字符；观察触摸屏上 1 号变频器状态显示；观察电动机的转向和转速；同时观察 2 号变频器的状态。

现场状况：1 号变频器的 REV 指示灯点亮，显示器上显示的字符为"50.00"；触摸屏上 1 号变频器正转指示灯点亮，显示 1 号变频器输出频率为 50Hz；电动机反向旋转；2 号变频器无变化。

第五步：精细调节 1 号变频器输出频率。

操作过程：启动变频器反转运行后，转动触摸屏中 1 号变频器的频率调节旋钮，改变给定运行频率值，将运行频率的设定值在 0～50Hz 之间变化。

观察项目：观察 1 号变频器操作单元上的指示灯和显示器上显示的字符；观察触摸屏上 1 号变频器状态显示；观察电动机的转向和转速；同时观察 2 号变频器的状态。

现场状况：1 号变频器的 REV 指示灯点亮，显示器上显示的字符为当前值；触摸屏上正转指示灯点亮，显示 1 号变频器输出频率的当前值；电动机反向旋转。1 号变频器的输出频率和电动机的转速均可以连续调节；2号变频器无变化。

第六步：停止1号变频器运行。

该操作过程与第三步调试过程相同，所以此过程的叙述省略。

第七步：2号变频器调试。

由于2号变频器与1号变频器的调试过程相同，所以此过程的叙述省略。

第八步：急停变频器。

操作过程：点动按压触摸屏上的1号变频器和2号变频器正转按钮，启动1号和2号变频器正转运行。待系统运行进入稳态后，点动按压触摸屏上的急停按钮，紧急停止1号和2号变频器的运行。

观察项目：观察1号变频器操作单元上的指示灯和显示器上显示的字符；观察触摸屏上1号变频器状态显示；观察电动机的转向和转速；同时观察2号变频器的状态。

现场状况：1号、2号变频器的FWD指示灯熄灭，1号和2号变频器的显示器上显示的字符均为"0.00"；触摸屏显示当前的各项输出值均为0；电动机处于停止状态。

【工程素质培养】

1. 职业素质培养要求

本次实训需要完成CC-Link通信模块之间的设备硬件接线，CC-Link主站和从站之间采用的是CC-Link专用通信线缆。接线时需要连接DA、DB、DG和SLD，接线时最好按照规定好的线芯颜色进行接线，以防出现接线错误，影响通信的正常进行。接线时还需要注意屏蔽层的接法，处理屏蔽线时，要注意尽量不要有裸露的部分。在进行CC-Link通信模块硬件参数设置时，为防止通信接口损坏，在断电时进行设置，一旦设置好，尽量不要去更改，养成规范安全的操作习惯。

2. 专业素质培养问题

问题1：在通信控制程序成功下传以后，发现主站通信板上的ERR指示灯一直在闪，从站的ERR指示灯也在闪。

解答：出现这种现象的原因可能有两大类：

（1）从站通信模块的参数设置出现错误，包括硬件参数设置错误和软件参数设置错误。硬件参数设置错误包括：变频器的站号设置错误，波特率设置与主站CC-Link模块不符等；软件参数设置错误包括：变频器占用站数设置不对等。其中，硬件参数设置错误发生的概率较大。

（2）信号不稳定，外界干扰比较大。在排除参数设置错误后，可能是通信信号的问题，为了解决这个问题，可以采用以下方法：连接终端电阻；降低波特率使用；使用高性能CC-Link通信电缆；布线时电源线和控制线分开，避免干扰。

问题2：在通信控制程序成功下传以后，发现变频器上的NET指示灯始终不亮。

解答：出现这种现象的原因可能是通信系统的参数设置错误，检查变频器的通信参数设置是否正确，检查通信参数的设置是否有遗漏。

问题3：当主站使用CC-Link模块控制多台远程站运行时，变频器的物理位置与变频器站号之间有没有必然联系呢（变频器站号是否要按照变频器的物理位置设定，距离主站近的变频器站号在前，距离主站远的变频器站号在后）？

解答：没有必然联系，距离远的也可以设置站号在前，距离近的也可以设置站号在后，变频器的物理位置与变频器站号之间没有必然联系。

问题4：当主站使用CC‑Link模块控制多台变频器运行时，发现处于中间的一台变频器通信出现错误，处于这台变频器后面的变频器是否可以正常显示呢？

解答：可以正常显示，且该系统中其他变频器均可以正常工作，主站和该变频器会显示通信异常。

附录 A 三菱 FR-A740 系列通用变频器的功能参数

功 能	参 数	名 称	设 定 范 围	最小设定单位	初 始 值
基本功能	◎0	转矩提升	0%~30%	0.1%	6/4/3/2/14 * 1
	◎1	上限频率	0~120Hz	0.01Hz	120/60Hz * 2
	◎2	下限频率	0~120Hz	0.01Hz	0Hz
	◎3	基准功率	0~400Hz	0.01Hz	50Hz
	◎4	多段速设定（高速）	0~400Hz	0.01Hz	50Hz
	◎5	多段速设定（中速）	0~400Hz	0.01Hz	30Hz
	◎6	多段速设定（低速）	0~400Hz	0.01Hz	10Hz
	◎7	加速时间	0~3600/360s	0.1/0.01s	5/15s * 3
	◎8	减速时间	0~3600/360s	0.1/0.01s	5/15s * 3
	◎9	电子过电流保护	0~500/0~3600A * 2	0.01/0.01A * 2	额定电流
直流制动	10	直流制动动作频率	0~120Hz, 9 999	0.01Hz	3Hz
	11	直流制动动作时间	0~10s, 8 888	0.1s	0.5s
	12	直流制动动作电压	0~30%	0.1%	2%/21% * 4
—	13	启动频率	0~60Hz	0.01Hz	0.5Hz
—	14	适用负载选择	0~5	1	0
JOG 运行	15	点动频率	0~400Hz	0.01Hz	5Hz
	16	点动加减速时间	0~3600/360s	0.1/0.01s	0.5s
—	17	MRS 输入选择	0, 2, 4	1	0
—	18	高速上限频率	120~400Hz	0.01Hz	120/60Hz * 2
—	19	基准频率电压	0~1000.0	0.1V	9999
加减速时间	20	加减速基准频率	1~400Hz	0.01%	50Hz
	21	加减速时间单位	0, 1	1	0
防止失速	22	失速保护电流设定	0~200.0	0.1%	9999
	23	失速保护电流修整系数	0~200.0	0.1%	9999
多段速度设定	24~27	多段速设定（4~7速）	0~400Hz, 9999	0.01Hz	9999
—	28	多段速输入补偿选择	0, 1	1	0
—	29	加减速曲线选择	0~5	1	0
—	30	再生制动功能选择	0, 1, 2, 10, 11, 12, 20, 21	1	0

续表

功 能	参数	名 称	设定范围	最小设定单位	初 始 值
频率跳变	31	频率跳变1A	0～400Hz, 9999	0.01Hz	9999
	32	频率跳变1B	0～400Hz, 9999	0.01Hz	9999
	33	频率跳变2A	0～400Hz, 9999	0.01Hz	9999
	34	频率跳变2B	0～400Hz, 9999	0.01Hz	9999
	35	频率跳变3A	0～400Hz, 9999	0.01Hz	9999
	36	频率跳变3B	0～400Hz, 9999	0.01Hz	9999
频率检测	37	转速显示	0, 1～9998	1	0
	41	频率到达动作范围	0%～100%	0.1%	10%
	42	输出频率检测	0～400Hz	0.01Hz	6Hz
	43	反转输出频率检测	0～400Hz, 9999	0.01Hz	9999
第2功能	44	第2加减速时间	0～3600/360s	0.1/0.01s	5s
	45	第2减速时间	0～3600/360s, 9999	0.1/0.01s	9999
	46	第2转矩提升	0%～30%, 9999	0.1%	9999
	47	第2v/f（基准频率）	0～400Hz, 9999	0.01Hz	9999
	48	第2失速防止动作水平	0%～220%	0.1%	150%
	49	第2失速防止动作频率	0～400Hz, 9999	0.01Hz	0Hz
	50	第2输出频率检测	0～400Hz	0.01Hz	30Hz
	51	第2电子过电流保护	0～500A, 9999/0～3600, 9999*2	0.01/0.1A*2	9999
监视器功能	52	DU/PU主显示数据选择	0, 5～14, 17～20, 20～25, 32～35, 50～57, 100	—	0
	54	CA端子功能选择	1～3, 5～14, 17, 18, 21, 24, 32～34, 50, 52, 53	1	1
	55	频率监视基准	0～400Hz	0.01Hz	50Hz
	56	电流监视基准	0～500/0～3600A*2	0.01/0.1A*2	变频器额定电流
再试	57	再启动自由运行时间	0, 0.1～5s, 9999/0.1～30s, 9999*2	0.1s	9999
	58	再启动上升时间	0～60s	0.1s	1s
—	59	遥控功能选择	0, 1, 2, 3	1	0
—	60	节能控制选择	0, 4	1	0
自动加减速	61	基准电流	0～500A, 9999/0～3600A, 9999*2	0.01/0.1A*2	9999
	62	加速时基准值	0～220%, 9999	0.1%	9999
	63	减速时基准值	0～220%, 9999	0.1%	9999
	64	升降模式启动频率	0～10Hz, 9999	0.01Hz	9999
—	65	再试选择	0～5	1	0

续表

功　能	参　数	名　　称	设定范围	最小设定单位	初　始　值
—	66	失速防止动作水平减低开始频率	0～400Hz	0.01Hz	50Hz
再试	67	报警发生时再试次数	0～10，101～110	1	0
再试	68	再试等待时间	0～10s	0.1s	1s
再试	69	再试次数显示和消除	0	1	0
—	70	特殊再生制动使用率	0%～30%/0%～10%＊2	0.1%	0
—	71	适用电动机	0～8，13～18，20，23，24，30，33，34，40，43，44，50，53，54	—	0
—	72	PMM频率选择	0～15/0～6，25＊2	1	2
—	73	模拟量输入选择	0～7，10～17	1	14
—	74	输入滤波器时间常数	0～8	1	1
—	75	复位选择/PU脱离检测/PU停止选择	0～3，14～17	1	14
—	76	报警代码选择输出	0，1，2	1	0
—	77	参数保护选择	0，1，2	1	0
—	78	转向禁止选择	0，1，2	1	0
—	◎79	操作模式/运行方式	0～7	1	0
电动机常数	80	电动机容量	0.4～55kW，9999/0～3600kW，9999＊2	0.01/0.1kW＊2	9999
电动机常数	81	电动机极数	2，4，6，8，10，12，14，16，18，20，112，122，9999	1	9999
电动机常数	82	电动机励磁电流	0～500A/0～3600A	0.01/0.1A	9999
电动机常数	83	电动机额定电压	0～1000V	0.1V	200/400V
电动机常数	84	电动机额定频率	10～120Hz	0.01Hz	50Hz
电动机常数	89	速度控制增益（磁通矢量）	0%～200%	0.1%	9999
电动机	90	电动机常数（R1）	0～50Ω/0～400mΩ	0.001Ω/0.01mΩ	9999
电动机	91	电动机常数（R2）	0～50Ω/0～400mΩ	0.001Ω/0.01mΩ	9999
电动机	92	电动机常数（L1）	0～50Ω(0～1000mH)/0～3600mΩ(0～400mH)	0.001Ω(0.1mH)/0.01mΩ(0.01mH)	9999
电动机	93	电动机常数（L2）	0～50Ω(0～1000mH)/0～3600mΩ(0～400mH)	0.001Ω(0.1mH)/0.01mΩ(0.01mH)	9999
电动机	94	电动机常数（X）	0～500Ω(0～100%)/0～100Ω(0～100%)	0.01Ω(0.1%)/0.01Ω(0.01%)	9999

续表

功 能	参 数	名 称	设 定 范 围	最小设定单位	初 始 值
电动机	95	在线自动调整生效	0～2	1	0
	96	自动调谐设定/状态	0, 1, 101	1	0
V/F 5 点可调整	100	V/F1（第 1 频率）	0～400Hz, 9999	0.01Hz	9999
	101	V/F1（第 1 频率电压）	0～1000V	0.1V	0V
	102	V/F2（第 2 频率）	0～400Hz, 9999	0.01Hz	9999
	103	V/F2（第 2 频率电压）	0～1000V	0.1V	0V
	104	V/F3（第 3 频率）	0～400Hz, 9999	0.01Hz	9999
	105	V/F3（第 3 频率电压）	0～1000V	0.1V	0V
	106	V/F4（第 4 频率）	0～400Hz, 9999	0.01Hz	9999
	107	V/F4（第 4 频率电压）	0～1000V	0.1V	0V
	108	V/F5（第 5 频率）	0～400Hz, 9999	0.01Hz	9999
	109	V/F5（第 5 频率电压）	0～1000V	0.1V	0V
第 3 功能	110	第 3 加减速时间	0～3600/360s, 9999	0.1/0.01s	9999
	111	第 3 减速时间	0～3600/360s, 9999	0./0.01s	9999
	112	第 3 转矩提升	0%～30%, 9999	0.1%	9999
	113	第 3V//F（基底频率）	0～400Hz, 9999	0.01Hz	9999
	114	第 3 失速防止动作电流	0%～220%	0.1%	150%
	115	第 3 失速防止动作频率	0～400Hz	0.01Hz	0
	116	第 3 输出频率检测	0～400Hz	0.01Hz	50Hz
PU 接口通信	117	PU 通信站号	0～31	1	0
	118	PU 通信速率	48, 96, 192, 384	1	192
	119	PU 通信停止位长	0, 1, 10, 11	1	1
	120	PU 通信奇偶校验	0, 1, 2	1	2
	121	PU 通信再试次数	0～10, 9999	1	1
	122	PU 通信校验时间间隔	0, 0.1～999.8s, 9999	0.1s	9999
	123	PU 通信等待时间设定	0～150ms, 9999	1	9999
	124	PU 通信有无 CR/LF 选择	0, 1, 2	1	1
—	◎125	端子 2 频率设定增益	0～400Hz	0.01Hz	50Hz
—	◎126	端子 4 频率设定增益	0～400Hz	0.01Hz	50Hz
PID 运行	127	PID 调节自动切换频率	0～400Hz, 9999	0.01Hz	9999
	128	PID 动作选择	10, 11, 20, 21, 50, 51, 60, 61	1	10
	129	PID 比例带	0.1%～1000%, 9999	0.1%	100.0
	130	PID 积分时间	0.1～36000s, 9999	0.1s	1s
	131	PID 上限	0%～100%, 9999	0.1%	9999
	132	PID 下限	0%～100%, 9999	0.1%	9999
	133	PID 动作目标值	0%～100%, 9999	0.01%	9999
	134	PID 微分时间	0.01～10.00s, 9999	0.01s	9999

续表

功能	参数	名称	设定范围	最小设定单位	初始值
第2功能	135	工频切换输出端子选择	0, 1	1	0
	136	MC切换互锁时间	0~100s	0.1s	1s
	137	启动等待时间	0~100s	0.1s	0.5s
	138	异常时工频切换选择	0, 1	1	0
	139	变频—工频自动切换频率	0~60Hz, 9999	0.01Hz	9999
监视器功能	140	齿轮补偿加速中断频率	0~400Hz	0.01Hz	1Hz
	141	齿轮补偿加速中断时间	0~360s	0.1s	0.5s
	142	齿轮补偿减速中断频率	0~400Hz	0.01Hz	1Hz
	143	齿轮补偿减速中断时间	0~360s	0.1s	0.5s
—	144	速度给定转换	0, 2, 4, 6, 8, 10, 12, 102, 104, 106, 108, 110, 112	1	4
PU	145	PU显示语言切换	0~7	1	1
电流检测	148	输入0V时的失速防止水平	0%~220%	0.1%	150%
	149	输入10V时的防止失速水平	0%~220%	0.1%	200%
	150	输出电流检测水平	0%~220%	0.1%	150%
	151	输出电流检测延迟时间	0~10.0s	0.1s	0s
	152	零电流检测水平	0%~220%	0.1%	5s
	153	零点检测时间	0~1s	0.01s	0.5s
—	154	失速防止动作中的电压降低选择	0, 1	1	1
—	155	RT信号执行条件选择	0, 10	1	0
—	156	失速防止动作选择	0~31, 100, 101	—	0
—	157	OL信号输出延时	0~25	0.1s	0s
—	158	AM端子功能选择	1~3, 5~14, 17, 18, 21, 24, 32~34, 50, 52, 53	1	1
—	159	变频—工频自动切换的范围	0~10Hz, 9999	0.01Hz	9999
—	160	用户参数组读取选择	0, 1, 9999	1	0
—	161	频率设定/键盘锁定操作功能	0, 1, 10, 11	1	0
再启动	162	瞬间停电再启动动作选择	0, 1, 2, 10, 11, 12	1	0
	163	再启动第1缓冲时间	0~20s	0.1s	0s
	164	再启动第1缓冲电压	0%~100%	0.1%	0%
	165	再启动失效防止动作水平	0%~220%	0.1%	150%

续表

功　能	参　数	名　称	设定范围	最小设定单位	初　始　值
电流检测	166	输出电流检测信号保持时间	0~10s, 9999	0.1s	0.1s
	167	输出电流检测动作选择	0, 1	1	0
监视器功能	170	累计电度表清零	0, 10, 9999	1	9999
	171	实际运行时间清零	0, 9999	1	9999
用户组	172	用户参数组注册数显示/一次性删除	9999（0~16）	1	0
	173	用户参数注册	0~999, 9999	1	9999
	174	用户参数删除	0~999, 9999	1	9999
输出端子的功能分配	178	STF 端子功能选择	0~20, 22~28, 37, 42~44, 60, 62, 64~71, 9999	1	60
	179	STR 端子功能选择	0~20, 22~28, 37, 42~44, 60, 62, 64~71, 9999	1	61
	180	RL 端子功能选择	0~20, 22~28, 37, 42~44, 60, 62, 64~71, 9999	1	0
	181	RM 端子功能选择	0~20, 22~28, 37, 42~44, 60, 62, 64~71, 9999	1	1
	182	RH 端子功能选择		1	2
	183	RT 端子功能选择		1	3
	184	AU 端子功能选择	0~20, 22~28, 37, 42~44, 62~71, 9999	1	4
	185	JOG 端子功能选择	0~20, 22~28, 37, 42~44, 60, 62, 64~71, 9999	1	5
	186	CS 端子功能选择		1	6
	187	MRS 端子功能选择		1	24
	188	STOP 端子功能选择		1	25
	189	RES 端子功能选择		1	62
输出端子的功能分配	190	RUN 端子功能选择	0~8, 10~20, 25~28, 30~36, 39, 41~47, 64, 70, 84, 85, 90~99, 100~108, 110~116, 120, 125~128, 130~136, 139, 141~147, 164, 170, 184, 185, 190~199, 9999	1	0
	191	SU 端子功能选择		1	1
	192	IPF 端子功能选择		1	2
	193	OL 端子功能选择		1	3
	194	FU 端子功能选择		1	4
	195	ABC1 端子功能选择	0~8, 10~20, 25~28, 30~36, 41~47, 64, 70, 84, 85, 90, 91, 94~99, 100~108, 110~116, 120, 125~128, 130~136, 139, 141~147, 164, 170, 184, 185, 190, 191, 194~199, 9999	1	99
	196	ABC2 端子功能选择		1	9999
多段速度设定	232~239	多段速设定（8~15速）	0~400Hz, 9999	0.01Hz	9999

续表

功 能	参 数	名 称	设 定 范 围	最小设定单位	初 始 值
—	240	Soft—PWM 动作选择	0，1	1	1
—	241	模拟量输入单位切换	0，1	1	0
—	242	端子1叠加补偿增益（端子2）	0%～100%	0.1%	100%
—	243	端子1叠加补偿增益（端子4）	0%～100%	0.1%	75%
—	244	冷却风扇的动作选择	0，1	1	0
转差补偿	245	额定转差	0%～50%，9999	0.01%	9999
转差补偿	246	转差补偿时间常数	0.01～10s	0.01s	0.5s
转差补偿	247	恒功率去转差补偿选择	0，9999	1	9999
—	250	停止选择	0～100s，1000～1100s，8888，9999	0.1s	9999
—	251	输入缺相保护选择	0，1	1	1
频率补偿功能	252	过调节偏置	0%～200%	0.1%	50%
频率补偿功能	253	过调节增益	0%～200%	0.1%	150%
寿命诊断	255	寿命报警状态显示	0～15	1	0
寿命诊断	256	浪涌电流抑制电路寿命显示	0%～100%	0.1%	100%
寿命诊断	257	控制电路电容器寿命显示	0%～100%	0.1%	100%
寿命诊断	258	主电路电容器寿命显示	0%～100%	0.1%	100%
寿命诊断	259	主电路电容器寿命显示	0，1	1	0
寿命诊断	260	PWM频率自动切换	0，0	1	1
掉电停机	261	掉电停止方式选择	0，1，2，11，12	1	0
掉电停机	262	起始减速频率降	0～20Hz	0.0Hz	3Hz
掉电停机	263	起始减速频率	0～120Hz	0.0Hz	50Hz
掉电停机	264	掉电时减速时间1	0～3600/360s	0.1/0.01s	5s
掉电停机	265	掉电时减速时间2	0～3600/360s，9999	0.1/0.01s	9999
掉电停机	266	掉电减速时间切换频率	0～400Hz	0.01Hz	5Hz
—	267	端子4输入选择	0，1，2	1	0
—	268	显示器小数位数设定	0，1，9999	1	9999
—	270	挡块定位，负载转矩高速频率控制选择	0～3	1	0
负载转矩高速频率控制选择	271	高速设定最大限流值	0%～220%	0.1%	50%
负载转矩高速频率控制选择	272	中速设定最大限流值	0%～220%	0.1%	100%
负载转矩高速频率控制选择	273	电流平均范围	0～400Hz，9999	0.01Hz	9999
负载转矩高速频率控制选择	274	电流平均滤波时间常数	1～4000	1	16
挡块定位控制	275	挡块定位励磁电流低压倍速	0%～1000%，9999	0.1%	9999
挡块定位控制	276	挡块定位时PMW载波频率	0～9，9999/0～4，9999*2	1	9999

续表

功 能	参 数	名 称	设 定 范 围	最小设定单位	初 始 值
制动序列功能	278	制动开启频率	0～30Hz	0.01Hz	3Hz
	279	制动开启电流	0%～220%	0.1%	130%
	280	制动开启电流检测时间	0～2s	0.1s	0.3s
	281	制动操作开始时间	0～5s	0.1s	0.3s
	282	制动操作频率	0～30Hz	0.01Hz	6Hz
	283	制动操作停止时间	0～5s	0.1s	0.3s
	284	减速检测功能选择	0, 1	1	0
	285	超速检测频率（温度偏差过大检测频率）	0～30Hz, 9999	0.1Hz	9999
固定偏差控制	286	增益偏差	0%～100%	0.1%	0%
	287	滤波器偏差时定值	0～1s	0.1s	0.3s
	288	固定偏差功能动作选择	0, 1, 2, 10, 11	1	0
—	291	脉冲列输入/输出选择	0, 1	1	0
—	292	自动加减速	0, 1, 3, 5～8, 11	1	0
—	293	加减个别动作选择模式	0～2	1	0
—	294	UV回避电压增益	0%～200%	0.1%	100%
—	299	再启动时的旋转方向检测选择	0, 1, 9999	1	0
RS-485通信	331	RS-485通信站号	0～31 (0～247)	1	0
	332	RS-485通信速率	3, 6, 12, 24, 48, 96, 192, 384	1	96
	333	RS-485通信停止位长	0, 1, 10, 11	1	1
	334	RS-485通信奇偶校验选择	0, 1, 2	1	2
	335	RS-485通信再试次数	0～10, 9999	1	1
	336	RS-485通信检验时间间隔	0～999.8s, 9999	0.1s	0s
	337	RS-485通信等待时间设定	0～150ms, 9999	1	9999
	338	通信运行指令权	0, 1	1	0
	339	通信速率指令权	0, 1, 2	1	0
	340	通信启动模式选择	0, 1, 2, 10, 11	1	0
	341	RS-485通信CR/LF选择	0, 1, 2	1	1
	342	通信EEPROM写入设定	0, 1	1	0
	343	通信错误计数	—	1	0
定向控制	350*5	停止位置指令选择	0, 1, 9999	1	9999
	351*5	定向速度	0～30Hz	0.01Hz	2Hz
	352*5	蠕变速度	0～10Hz	0.01Hz	0.5Hz

续表

功能	参数	名称	设定范围	最小设定单位	初始值
定向控制	352*5	蠕变切换位置	0~16383	1	511
	354*5	位置环路切换位置	0~8192	1	96
	355*5	直流制动开始位置	0~255	1	5
	356*5	内部停止位置指定	0~16383	1	0
	357*5	定向完成区域	0~255	1	5
	358*5	伺服转矩选择	0~13	1	1
	359*5	PLG转动方向	0.1	0.1	1
	360*5	16位数据选择	0~127	1	0
	361*5	移位	0~16383	1	0
	362*5	定向位置环路增益	0.1~100	0.1	1
	363*5	完成信号输出延迟时间	0~5s	0.1s	0.5s
	364*5	PLG停止确认时间	0~5s	0.1s	0.5s
	365*5	定向结束时间	0~60s, 999	1s	9999
	366*5	再确认时间	0~5s, 9999	0.1s	9999
PLG反馈	367*5	速度反馈范围	0~400Hz, 9999	0.01Hz	9999
	368*5	反馈增益	0~100	0.1	1
	369*5	PLG脉冲数量	0~4096	1	1024
	374	过速度检测水平	0~400Hz	0.01Hz	115Hz
	376*5	选择有无断线检测	0, 1	1	0
S字加减速C	380	加速时S字1	0%~50%	1%	0
	381	减速时S字1	0%~50%	1%	0
	382	加速时S字2	0%~50%	1%	0
	383	减速时S字2	0%~50%	1%	0
脉冲列输入	384	输入脉冲分度倍率	0~250	1	0
	385	输入脉冲零时频率	0~400Hz	0.01Hz	0
	386	输入脉冲最大时频率	0~400Hz	0.01Hz	40Hz
定向控制	393	定向选择	0~2	1	0
	396	定向速度增益（P项）	0~1000	1	60
	397	定向速度积分时间	0~20s	0.001s	0.333s
	398	定向速度增益（D项）	0~100	0.1	1
	399	定向减速率	0~1000	1	20
维护	503	维护定时器	0 (1~9998)	1	0
	504	维护定时器报警输出设定时间	0~9998, 9999	1	9999
—	505	速度设定基准	0~120Hz	0.0Hz	50Hz

续表

功能	参数	名称	设定范围	最小设定单位	初始值
S字加减速D	516	加速开始时的S字时间	0.1～2.5s	0.1s	0.1s
	517	加速完成时的S字时间	0.1～2.5s	0.1s	0.1s
	518	减速开始时的S字时间	0.1～2.5s	0.1s	0.1s
	519	减速结束时的S字时间	0.1～2.5s	0.1s	0.1s
—	539	Modbus RTU 通信校验时间间隔	0～999.8s, 9999	0.1s	9999
USB	547	USB通信站号	0～31	1	0
	548	USB通信检查时间间隔	0.1～999.8s, 9999	0.1s	9999
通信	549	协议选择	0, 1	1	0
	550	网络模式操作权选择	0, 1, 9999	1	9999
	551	PU模式操作权选择	1～3	1	2
电流平均值	555	电流平均时间	0.1～1.0s	0.1s	1s
	556	数据输出屏蔽时间	0.0～20.0s	0.1s	0s
	557	电流平均监视信号基准输出电流	0～500.0/0～3600A *2	0.01A/0.1A *2	变频器额定电流
—	563	累计通电时间次数	(0～65536)	1	0
—	564	累计运转时间次数	(0～65536)	1	0
—	598	欠电压电平	350～430V DC, 9999	0.1V	9999
—	611	再启动时加速时间	0～360s, 9999	0.1s	5/15s *2
—	665	再生回避频率增益	0%～200%	0.1%	100%
—	684	调谐数单位切换	0, 1	1	0
—	800	控制方式选择	0～20	1	20
—	802 *5	零速控制与伺服锁定选择	0/1	—	0
转矩指令	803	额定频率以上区输入特征	0/1	—	0
	804	转矩给定输入选择	0～6	—	0
	805	RAM 转矩给定值	600～1400	1%	1000%
	806	EEPROM 转矩给定值	600～1400	1%	1000%
速度限制	807	速度限制选择	0, 1, 2	1	0
	808	正转速度限制	0～120Hz	0.01Hz	50Hz
	809	反转速度限制	0～120Hz, 9999	0.01Hz	9999
转矩限制	810	转矩限制输入方法选择	0, 1	1	0
	811	设置分辨率切换	0, 1, 10, 11	1	0
	812	转矩限制水平（再生）	0%～400%, 9999	0.1%	9999
	813	转矩限制水平（第3象限）	0%～400%	0.1%	9999
	814	转矩限制水平（第4象限）	0%～400%	0.1%	9999
	815	转矩限制水平2	0%～400%	0.1%	9999
	816	加速时转矩限制水平	0%～400%	0.1%	9999
	817	减速时转矩限制水平	0%～400%	0.1%	9999

续表

功　能	参　数	名　称	设 定 范 围	最小设定单位	初　始　值
简单增益调谐	818	简单增益调谐响应性设定	1~15	1	2
	819	简单增益调谐选择	0，1，2	1	0
调整功能	820	速度控制P增益1	0%~1000%	1%	60%
	821	速度控制积分时间1	0~20s	0.001s	0.333s
	822	速度设定滤波器1	0~5s，9999	0.001s	9999
	823	速度检测滤波器1	0~0.1s	0.001s	0.001s
	824	转矩控制P增益1	0%~200%	1%	100%
	825	转矩控制积分时间1	0~500ms	0.1ms	5ms
	826	转矩设定滤波器1	0~5s，9999	0.001s	9999
	827	转矩检测滤波器1	0~0.1s	0.001s	0s
	828	模型速度控制增益	0%~1000%	1%	60%
	830	速度控制P增益2	0%~1000%，9999	1%	9999
	831	速度控制积分时间2	0~20s，9999	0.001s	9999
	832	速度设定滤波器2	0~0.5s，9999	0.001s	9999
	833*5	速度检测滤波2	0~0.1s，9999	0.001s	9999
	834	转矩控制P增益2	0%~200%	1%	9999
	835	转矩控制积分时间2	0~500ms，9999	0.1ms	9999
	836	转矩设定滤波器2	0~05s，9999	0.001s	9999
	837	转矩检测滤波器2	0~0.1s，9999	0.001s	9999
转矩偏置	840*5	转矩偏置选择	0~3，9999	1	9999
	841*5	转矩偏置值1	600%~1400%	1%	9999
	842*5	转矩偏置值2	600%~1400%	1%	9999
	844*5	转矩偏置滤波器	0~5s，9999	0.001s	9999
	845*5	转矩偏置动作时间	0~5s，9999	0.01s	9999
	846*5	转矩偏置平衡补偿	0~10V，9999	0.1V	9999
	847*5	下降时转矩偏置端子1偏置	0%~400%，9999	1%	9999
	848*5	下降时转矩偏置端子1增益	0%~400%，9999	1%	9999
保护功能	872	输入缺相保护选择	0.1	1	0
	873*5	速度限制	0~120.0	0.01Hz	20Hz
	874	OLT水平设定	0%~200%	0.1%	150.0
	875	故障定义	0	1	0
控制系统功能	877	速度前馈控制，模型适应速度控制选择	0，1，2	1	0
	878	速度前馈滤波器	1~1s	0.01s	0s
	879	速度前馈转矩限制	0%~400%	0.1%	150.0
	880	负荷惯性比	0~200	0.1	7
	881	速度前馈增益	0%~1000%	1%	0%

续表

功　能	参　数	名　称	设定范围	最小设定单位	初　始　值
避免再生功能	882	再生回避动作选择	0，1，2	1	0
	883	再生回避动作水平	300～800V	0.1V	DC760V
	884	减速时检测避免再生的敏感度	0～5	1	0
	885	再生回避补偿频率限制值	0～10Hz，9999	0.01Hz	6Hz
	886	再生回避电压递增	0%～200%	0.1%	100.0%
节能监视器	891	累计电力监视位切换频率	0～4，9999	1	9999
	892	负载率	30%～50%	0.1%	100.0%
	893	节能监视器基准（电动机容量）	0.1～55/0～3600kW.2	0.01/0.1kW.2	变频器额定容量
	894	工频时控制选择	0，1，2，3	1	0
	895	节能功率基准值	0，1，9999	1	9999
	896	电价	0～500，9999	0.01	9999
	897	节能监视器平均时间	0，1000h，9999	1	9999
	898	清除节能累计监视值	0，1，10，9999	1	9999
	899	运行时间率（推测值）	0%～100%，9999	0.1%	9999
校正参数	C0（900）	CA端子校正	—	—	—
	C1（901）	AM端子校正	—	—	—
	C2（902）	端子2频率设定偏置频率	0～400Hz	0.01Hz	0Hz
	C3（902）	端子2频率设定偏置	0%～300%	0.1%	0%
校正参数	125（903）	端子2频率设定增益频率	0～400Hz	0.01Hz	50Hz
	C4（903）	端子2频率设定增益	0%～300%	0.1%	100%
	C5（904）	端子4频率设定偏置频率	0～400Hz	0.01Hz	0Hz
校正参数	C6（904）	端子4频率设定偏置	0%～300%	0.1%	20%
	126（905）	端子4频率设定增益频率	0～400Hz	0.01Hz	50Hz
	C7（905）	端子4频率设定增益	0%～300%	0.1%	100%
模拟输出电流校正	C8（930）	电流输出偏置信号	0%～100%	0.1%	0%
	C9（930）	电流输出偏置电流	0%～100%	0.1%	0%
	C10（931）	电流输出增益电流	0%～100%	0.1%	100%
	C11（931）	电流输出增益电流	0%～300%	0.1%	100%
校正参数	C12（917）	端子1偏置频率（速度）	0～400Hz	0.01Hz	0Hz
	C13（917）	端子1偏置（速度）	0%～300%	0.1%	0%
	C14（918）	端子1增益频率（速度）	0～400Hz	0.01Hz	50Hz
	C15（918）	端子1增益频率（速度）	0%～300%	0.1%	100%

续表

功 能	参　数	名　　称	设 定 范 围	最小设定单位	初　始　值
校正参数	C16（919）	端子1偏置指令（转矩/磁通）	0%～400%	0.1%	0%
	C17（919）	端子1偏置（转矩/磁通）	0%～300%	0.1%	0%
	C18（920）	端子1增益指令（转矩/磁通）	0%～400%	0.1%	150%
	C19（920）	端子1增益（转矩/磁通）	0%～300%	0.1%	100%
	C38（932）	端子4偏置（转矩/磁通）	0%～400%	0.1%	0%
	C39（932）	端子4偏置（转矩/磁通）	0%～300%	0.1%	20%
	C40（933）	端子4增益指令（转矩/磁通）	0%～400%	0.1%	150%
	C41（933）	端子4增益（转矩/磁通）	0%～300%	0.1%	100%
PU	989	解除复制参数警报	10，100	1	10/100 ＊2
	990	PU蜂鸣器控制	0，1	1	1
	991	PU对比度调整	0～63	1	58
参数清除	Pr.CL	清除参数	0，1	1	0
	ALLC	参数全部清除	0，1	1	0
	Er，CL	清除报警历史	0，1	1	0
	PCPY	参数复制	0，1，2，3	1	0

＊1. 容量不同也各不相同（0.4kW、0.75kW/1.5～3.7kW/5.5kW、7.5kW/11～55kW/75kW 以上）。

＊2. 容量不同也各不相同（55kW 以下/75kW 以上）。

＊3. 容量不同也各不相同（7.5kW 以下/11kW 以上）。

＊4. 容量不同也各不相同（7.5kW 以下/11～55kW/75kW 以下）。

＊5. 仅在 FR–47AP 安装时进行设定。

● 有◎标记的参数表示的是简单模式参数（初始值为扩展模式）。

● 对于有　标记的参数，即使 Pr.77 "参数写入选择"为"0"（初始值），也可以在运行过程中更改。

参 考 文 献

[1] 韩雪涛. PLC实用技术速成才. 北京：电子工业出版社，2013.
[2] 杨后川. 三菱PLC应用100例. 北京：电子工业出版社，2011.
[3] 常国兰. 三菱PLC编程速学与快速应用. 北京：电子工业出版社，2012.
[4] 吴作明. 工控组态软件与PLC应用技术. 北京：北京航空航天大学出版社，2007.
[5] 刘长军，王勇. 变频技术一学就会. 北京：电子工业出版社，2012.
[6] 马宏骞. 变频调速技术与应用项目教程. 北京：电子工业出版社，2011.
[7] 马宏骞. PLC应用在电梯控制中的编程技术. 成都：机床电器杂志社，2003.
[8] 马宏骞. 电气控制及变频技术应用. 北京：电子工业出版社，2012.
[9] 吕汀，石红梅. 变频技术原理与应用. 北京：机械工业出版社，2003.
[10] 龚仲华. 交流伺服与变频器应用技术（三菱篇）. 北京：电子工业出版社，2014.
[11] 三菱通用变频器FR-A700使用手册（应用篇）.
[12] 三菱FX_{3U} PLC编程手册.
[13] 三菱FX_{3U} PLC操作手册.
[14] MCGS嵌入版用户手册.

反侵权盗版声明

电子工业出版社依法对本作品享有专有出版权。任何未经权利人书面许可，复制、销售或通过信息网络传播本作品的行为；歪曲、篡改、剽窃本作品的行为，均违反《中华人民共和国著作权法》，其行为人应承担相应的民事责任和行政责任，构成犯罪的，将被依法追究刑事责任。

为了维护市场秩序，保护权利人的合法权益，本社将依法查处和打击侵权盗版的单位和个人。欢迎社会各界人士积极举报侵权盗版行为，本社将奖励举报有功人员，并保证举报人的信息不被泄露。

举报电话：(010) 88254396；(010) 88258888
传　　真：(010) 88254397
E – mail：dbqq@phei.com.cn
通信地址：北京市海淀区万寿路173信箱
　　　　　电子工业出版社总编办公室
邮　　编：100036